T0222973

Wissenschaftliche Reihe Fahrzeugtechnik Universität Stuttgart

Reihe herausgegeben von
Michael Bargende, Stuttgart, Deutschland
Hans-Christian Reuss, Stuttgart, Deutschland
Jochen Wiedemann, Stuttgart, Deutschland

Das Institut für Verbrennungsmotoren und Kraftfahrwesen (IVK) an der Universität Stuttgart erforscht, entwickelt, appliziert und erprobt, in enger Zusammenarbeit mit der Industrie, Elemente bzw. Technologien aus dem Bereich moderner Fahrzeugkonzepte. Das Institut gliedert sich in die drei Bereiche Kraftfahrwesen, Fahrzeugantriebe und Kraftfahrzeug-Mechatronik. Aufgabe dieser Bereiche ist die Ausarbeitung des Themengebietes im Prüfstandsbetrieb, in Theorie und Simulation. Schwerpunkte des Kraftfahrwesens sind hierbei die Aerodynamik, Akustik (NVH), Fahrdynamik und Fahrermodellierung, Leichtbau, Sicherheit, Kraftübertragung sowie Energie und Thermomanagement – auch in Verbindung mit hybriden und batterieelektrischen Fahrzeugkonzepten. Der Bereich Fahrzeugantriebe widmet sich den Themen Brennverfahrensentwicklung einschließlich Regelungs- und Steuerungskonzeptionen bei zugleich minimierten Emissionen, komplexe Abgasnachbehandlung, Aufladesysteme und -strategien, Hybridsysteme und Betriebsstrategien sowie mechanisch-akustischen Fragestellungen. Themen der Kraftfahrzeug-Mechatronik sind die Antriebsstrangregelung/Hybride, Elektromobilität, Bordnetz und Energiemanagement, Funktions- und Softwareentwicklung sowie Test und Diagnose. Die Erfüllung dieser Aufgaben wird prüfstandsseitig neben vielem anderen unterstützt durch 19 Motorenprüfstände, zwei Rollenprüfstände, einen 1:1-Fahrsimulator, einen Antriebsstrangprüfstand, einen Thermowindkanal sowie einen 1:1-Aeroakustikwindkanal. Die wissenschaftliche Reihe „Fahrzeugtechnik Universität Stuttgart" präsentiert über die am Institut entstandenen Promotionen die hervorragenden Arbeitsergebnisse der Forschungstätigkeiten am IVK.

Reihe herausgegeben von

Prof. Dr.-Ing. Michael Bargende
Lehrstuhl Fahrzeugantriebe
Institut für Verbrennungsmotoren und
Kraftfahrwesen, Universität Stuttgart
Stuttgart, Deutschland

Prof. Dr.-Ing. Jochen Wiedemann
Lehrstuhl Kraftfahrwesen
Institut für Verbrennungsmotoren und
Kraftfahrwesen, Universität Stuttgart
Stuttgart, Deutschland

Prof. Dr.-Ing. Hans-Christian Reuss
Lehrstuhl Kraftfahrzeugmechatronik
Institut für Verbrennungsmotoren und
Kraftfahrwesen, Universität Stuttgart
Stuttgart, Deutschland

Weitere Bände in der Reihe http://www.springer.com/series/13535

Ulrike Weinrich

Methoden zur Bestimmung der Ausfallraten von elektrischen und elektronischen Systemen am Beispiel der Lenkungselektronik

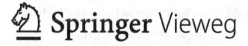
Springer Vieweg

Ulrike Weinrich
IVK Fakultät 7, Lehrstuhl für
Kraftfahrzeugmechatronik
Universität Stuttgart
Stuttgart, Deutschland

Zugl.: Dissertation Universität Stuttgart, 2018

D93

ISSN 2567-0042   ISSN 2567-0352   (electronic)
Wissenschaftliche Reihe Fahrzeugtechnik Universität Stuttgart
ISBN 978-3-658-25462-9   ISBN 978-3-658-25463-6   (eBook)
https://doi.org/10.1007/978-3-658-25463-6

Die Deutsche Nationalbibliothek verzeichnet diese Publikation in der Deutschen National-
bibliografie; detaillierte bibliografische Daten sind im Internet über http://dnb.d-nb.de abrufbar.

Springer Vieweg ist ein Imprint der eingetragenen Gesellschaft Springer Fachmedien Wiesbaden
GmbH und ist ein Teil von Springer Nature
Die Anschrift der Gesellschaft ist: Abraham-Lincoln-Str. 46, 65189 Wiesbaden, Germany

Vorwort

Die vorliegende Arbeit ist im Rahmen meiner Tätigkeit als wissenschaftlicher Mitarbeiter am Forschungsinstitut für Kraftfahrwesen und Fahrzeugmotoren Stuttgart (FKFS) entstanden.

Mein besonderer Dank gilt Herrn Prof. Dr.-Ing. H.-C. Reuss. Er hat diese Arbeit ermöglicht, stets durch Rat und Tat gefördert und durch seine Unterstützung und sein Engagement, auch über den fachlichen Teil hinaus, wesentlich zum Gelingen beigetragen. Auch danke ich Herrn Prof. Dr.-Ing. B. Bertsche, dem Leiter des Instituts für Maschinenelemente an der Universität Stuttgart, für seine freundliche Bereitschaft, den Mitbericht zu übernehmen.

Die Grundlage dieser Arbeit bildet die Zusammenarbeit mit der Bosch Automotive Steering GmbH in Form eines mehrjährigen Forschungsvorhabens. Für die Anregungen zu dem Thema und die gute Zusammenarbeit möchte ich mich vor allem bei Herrn Dipl.-Ing. Thomas Pötzl bedanken. Allen Mitarbeiterinnen und Mitarbeitern der Abteilung Entwicklung Hardware danke ich für die gute und angenehme Zusammenarbeit. Besonders möchte ich mich bei den Herren Dipl.-Ing. Stefan Walz und Dipl.-Ing. Markus Weber sowie dem gesamten Team des Fahrzeugversuchs bedanken.

Ferner bedanke ich mich herzlich bei allen Kollegen des Bereichs Kraftfahrzeugmechatronik für die kooperative Zusammenarbeit und die gute gemeinsame Zeit. Mein besonderer Dank geht dabei an meinen direkten Vorgesetzten Dr.-Ing. Gerd Baumann. Sein Vertrauen und der mir gebotene Freiraum waren die Grundlage für das Gelingen dieser Arbeit. In gleichem Maße bedanke ich mich bei den hilfswissenschaftlichen Mitarbeitern und den zahlreichen Bearbeiterinnen und Bearbeitern der zugehörigen Studien- und Diplomarbeiten.

Letztendlich danke ich von ganzem Herzen meinen Eltern und Großeltern sowie meinem Lebensgefährten Marcel Göpffarth. Sie haben mich stets unterstützt und motiviert. Insbesondere bei der Fertigstellung dieser Arbeit haben sie auch in menschlicher Hinsicht wertvolle Beiträge geleistet.

Ulrike Weinrich

Inhaltsverzeichnis

Abbildungsverzeichnis

Tabellenverzeichnis

Abkürzungen und Formelzeichen

Abkürzungen

A	Autobahn (Fahrtrichtung Probenstudie)
AFR FIT	Average Failure Rate Failure In Time
BAB	Bundesautobahn
BASt	Bundesanstalt für Straßenwesen
BDSG	Bundesdatenschutzgesetz
BGB	Bürgerliches Gesetzbuch
BVM	Berufsverband Deutscher Markt- und Sozialforscher e.V.
CDF	Cumulative Distribution Function
COTS	Commercial / Components-Off-The-Shelf
CPU	Central Processing Unit
DAT	Deutsche Automobil Treuhand GmbH
DSGVO	Datenschutz-Grundverordnung
E/E	Elektrik/Elektronik, elektrisch/elektronisch
E/E/PE	elektrisch/elektronisch/programmierbar elektronisch
EB	Empirische Bayes-Inferenz
ECU	Electronic Control Unit
EPS	Electric Power Steering
EPSapa	Electric Power Steering (achsparallele Servoeinheit)
EPSc	Electric Power Steering (Servoeinheit an der Lenksäule)
EPSdp	Electric Power Steering (Servoeinheit an einem zweiten Ritzel)
EV	Electric Vehicle
F1	Fahrzeug 1
F2	Fahrzeug 2
FIT	Failure In Time
FKFS	Forschungsinstitut für Kraftfahrwesen und Fahrzeugmotoren Stuttgart
G&K	Garantie und Kulanz
GPSG	Geräte- und Produktsicherheitsgesetz
H	Heißfahrt (Konditionierung Probenstudie)
IC	Integrated Circuit

IGBT	Insulated-Gate Bipolar Transistor
K	Kaltfahrt (Konditionierung Probenstudie)
Kfz	Kraftfahrzeug
KI	Konfidenzintervall, Kredibilitätsintervall
MAPE	Mean Absolute Percentage Error
MCMC	Markov Chain Monte Carlo
medfilt	Median-Filterung (Temperatursignal)
MH	Metropolis-Hastings
MLE	Maximum-Likelihood-Estimation
MSE	Mean Square Error
OBD	On-Board Diagnose
OEM	Original Equipment Manufacturer
PDF	Probability Distribution Function
Pkw	Personenkraftwagen
ProdHaftG	Produkthaftungsgesetz
PS	Probandenstudie
PS20K	Probandenstudie, 20 °C Außentemperatur, Kaltfahrt
RMSE	Root Mean Square Error
S	Stadt (Fahrtrichtung Probenstudie)
TWK	Thermowindkanal
TWK20H	Thermowindkanal, 20 °C Außentemperatur, Heißfahrt
TWK20K	Thermowindkanal, 20 °C Außentemperatur, Kaltfahrt
TWK40H1	Thermowindkanal, 40 °C Außentemperatur, 1. Heißfahrt
TWK40H2	Thermowindkanal, 40 °C Außentemperatur, 2. Heißfahrt
TWK40K	Thermowindkanal, 40 °C Außentemperatur, Kaltfahrt
TÜV	Technischer Überwachungsverein

Formelzeichen

Zeichen	Einheit	Beschreibung
b	°C	Ordinatenabschnitt
d	-	Cohen's d, Effektstärkemaß
d_{F1}	-	Effektstärke, Fahrzeug 1
d_{F2}	-	Effektstärke, Fahrzeug 2
df	-	Freiheitsgrade
e	-	Schätzfehler
$E(\bullet)$	-	Erwartungswert von $\bullet$
$F(\bullet)$	-	Verteilungsfunktion von $\bullet$
$f(\bullet)$	-	(Dichte-)Funktion von $\bullet$
$f(\bullet|\circ)$	-	Bedingte Dichte von $\bullet$
$f(t)$	-	Ausfalldichte
$h(\eta)$	-	Hyperprior-Verteilung von η
$h(t)$	-	Ausfallrate
H_0	-	Nullhypothese
H_1	-	Alternativhypothese
$I(\theta)$	-	Fisher-Information von θ (2. Ableitung der Log-Likelihoodfunktion)
$L(\theta)$	-	Likelihoodfunktion von θ
$l(\theta)$	-	Log-Likelihoodfunktion von θ
m	-	Steigung
n	-	Stichprobenumfang
P_{prob}	-	Auftretenswahrscheinlichkeit, p-Wert
p_α,q_α	-	Parameter der Gammaverteilung für Weibullparameter α
p_β,q_β	-	Parameter der Gammaverteilung für Weibullparameter β
R	°C	Streubreite
$R(t)$	-	Zuverlässigkeit
$S(\theta)$	-	Score-Funktion von θ (1. Ableitung der Log-Likelihoodfunktion)
s^2	-	Streuung
T_{AMB}	°C	Außentemperatur
T_{ECU}	°C	Umgebungslufttemperatur des Lenkungssteuergeräts

Zeichen	Einheit	Beschreibung
t_{emp}	-	Empirischer t-Wert
t_f	-	Produktausfall-Laufzeit
t_{krit}	-	Kritischer t-Wert
T_{MOT}	°C	Temperatur der Motorkühlflüssigkeit
T_{OEL}	°C	Temperatur des Motoröls
t_s	-	Produktlebensdauer
$\bar{x}$	-	Mittelwert der Stichprobe
z	-	z-Wert (Standardisierung)
α	-	Lageparameter der Weibullverteilung (char. Lebensdauer), Signifikanzniveau
β	-	Formparameter der Weibullverteilung
η	-	Hyperparameter
μ	-	(Populations-)Mittelwert
Ω	-	Ergebnisraum
$\pi(\bullet)$	-	Priori-Verteilung von $\bullet$
σ	-	Standardabweichung, Populationsvarianz
$\hat{\sigma}$	°C	Streuung
$\hat{\sigma}_{F1}$	°C	Streuung der Stichprobenkennwerteverteilung (Fahrzeug 1)
$\hat{\sigma}_{F2}$	°C	Streuung der Stichprobenkennwerteverteilung (Fahrzeug 2)
$\hat{\sigma}_{\bar{x}}$	-	Standardfehler des Mittelwerts
σ^2	-	Varianz
θ	-	Zufallsvariable, Modellparameter (Bayes-Statistik)

Kurzfassung

Elektrisch unterstützte Lenksysteme zählen derzeit zu den gebräuchlichsten Lenkungskonzepten im Pkw-Bereich für die Aufprägung eines Lenkwinkels an den Rädern der Vorderachse. Um Gefährdungen, die durch das Fehlverhalten solcher elektronischer Systeme entstehen können, abzuwenden bzw. komplett zu verhindern, werden Maßnahmen und deren technische Umsetzung zur Erreichung funktionaler Sicherheit gefordert. So sind als Teil der Bewertung der Hardwarearchitektur im internationalen Standard ISO 26262 die Ausfallraten der sicherheitsbezogenen Hardwareteile zu bestimmen. Zur Berechnung der Ausfallraten der Hardware verweist die ISO 26262 neben Felddaten oder Expertenmeinungen auf die Nutzung von Zuverlässigkeitsdaten aus Ausfallratenkatalogen. Zusammen mit einem meist vom Automobilhersteller vorgegebenen Temperaturkollektiv lassen sich die Ausfallraten bestimmen.

Die vorliegende Arbeit befasst sich mit zwei Verfahren zur Berechnung realistischer Ausfallraten von elektrischen/elektronischen Systemen am Beispiel des Steuergeräts der elektrischen Servolenkung. Dies ist erforderlich, da die aktuell angewandten Verfahren veraltet sind, keine statistisch abgesicherten Daten zur Verfügung stellen und selbst laut ISO 26262 pessimistische Ergebnisse liefern. Das experimentelle Verfahren umfasst die Bestimmung eines allgemeinen Temperaturprofils der Umgebungsluft des Lenkungssteuergeräts, das die typischen Feldeinsatzbedingungen wiedergibt – im Gegensatz zu Temperaturkollektiven, die zur Auslegung bzw. für Lebensdauerversuche herangezogen werden. Zur Ermittlung eines Temperaturkollektivs, das die relevanten Umweltbelastungen und Nutzungsbedingungen im Endkundenbetrieb umfasst, wird eine repräsentative Probandenstudie im Fahrversuch mit zwei Fahrzeugen auf öffentlichen Straßen durchgeführt. Die Ergebnisse stützen sich auf je 50 Messfahrten mit beiden Fahrzeugen und einer zurückgelegten Strecke von 5860 km. Ergänzend zu den Ergebnissen bei mitteleuropäischem Klima wird die Probandenstudie um Prüfstandsmessungen im Thermowindkanal bei 40 °C Außentemperatur erweitert. Für ein Fahrzeug mit Ottomotor liegt der Erwartungswert der Umgebungslufttemperatur des Lenkungssteuergeräts bei 40,4 °C, für ein mit Dieselmotor angetriebenes Fahrzeug bei 37,9 °C. Bei einem Großserien-Elektrofahrzeug beträgt der Erwartungswert 28,8 °C, da die Leistungselektronik und der Elektromotor im Motorraum nachweisbar nur einen geringen Einfluss haben. Bei 40 °C Außentemperatur im Thermowindkanal belaufen sich die Erwartungswerte der beiden Verbrennungsmotorfahrzeuge auf 74,2 °C bzw. 74,6 °C.

Die Entwicklung eines felddatenbasierten Zuverlässigkeitsvorhersagewerkzeugs, welches sowohl Betriebsdaten ausgefallener als auch funktionierender Komponenten im Feldeinsatz berücksichtigt, geschieht auf Basis des methodischen Verfahrens. Mithilfe der Bayes'schen Statistik wird ein Tool aufgebaut und die benötigten Felddaten werden dargestellt. Für die numerische Lösung der Ausfalldichtefunktion auf Basis der verfügbaren Felddaten werden Markovketten-Monte-Carlo-Verfahren angewandt, um die Parameter der Weibullverteilung zu schätzen. Die entwickelte Methode wird mithilfe einer Simulationsstudie mit synthetisch generierten Felddaten und zwei Priori-Verteilungen untersucht und erweist sich als sehr gut geeignet. Die Ergebnisse einer statistischen Fehleranalyse bestätigen die Prognosegenauigkeit der Bayes-Statistik selbst für kleine Stichprobengrößen im Vergleich zur Maximum-Likelihood-Schätzung.

Abstract

Electrically assisted steering systems are currently among the most common steering concepts in the car sector for impressing a steering angle on the wheels of the front axle. In order to avert or completely prevent hazards that can arise as a result of the misconduct of such electronic systems, measures and their technical implementation to achieve functional safety are required. Thus, as part of the evaluation of the hardware architecture in the international standard ISO 26262, the failure rates of the safety-related hardware parts are to be determined. To calculate hardware failure rates, ISO 26262 refers to the use of reliability data from failure rate catalogues in addition to field data or expert opinions. Together with a temperature collective usually specified by the automobile manufacturer, the failure rates can be determined.

The present work deals with two methods for calculating realistic failure rates of electrical/electronic systems using the example of the electric power steering control unit. This is necessary because current practices are outdated, do not provide statistically valid data, and even provide pessimistic results according to ISO 26262. The first method involves determining a general ambient air temperature profile of the steering controller that reflects the typical field conditions – as opposed to temperature collectives used for design or lifetime testing. In order to determine a temperature collective that includes the relevant environmental impacts and conditions of use in end"=customer operations, a representative study of the subjects is being conducted in the road test with two vehicles on public roads. The results are based on 50 test drives with both vehicles and a distance covered of 5860 km. As an extension of the results in the Central European climate, the subject study will be extended by test bench measurements in the thermal wind tunnel at 40 °C ambient temperature. For a gasoline engine, the expected ambient air temperature of the steering controller is 40.4 °C, for a diesel powered vehicle 37.9 °C. For a mass"=produced electric vehicle the expected value is 28.8 °C, since the power electronics and the electric motor in the engine compartment have demonstrably only a small influence. At an outside temperature of 40 °C in the thermal wind tunnel, the expected values of the two combustion engine vehicles are 74.2 °C and 74.6 °C, respectively.

The development of a field data-based reliability prediction tool, which takes into account both operating data of failed and functioning components in the field, forms the core of the second method. On the basis of Bayesian statistics, a tool is set up and the required field data is displayed. For the numerical solution of the probability density function based on the available field data, Markov chain Monte Carlo methods are used to estimate the Weibull distribution parameters. The developed method is being investigated by means of a simulation study with synthetically generated field data and two prior distributions and is proving to be very well suited. The results of a statistical error analysis confirm the predictive accuracy of Bayesian statistics even for small sample sizes compared to the maximum likelihood estimate.

1 Einleitung

Der motorisierte Individualverkehr ist für Menschen von außerordentlicher Bedeutung. Hauptträger dieser individuellen Mobilität ist bis heute das Automobil, da es Flexibilität und Unabhängigkeit schafft. Für die Entwicklung neuer Funktionalitäten und zur Erhöhung des (Fahr-)Komforts ist beispielsweise die Elektrifizierung des Antriebsstrangs besonders hervorzuheben. Fahrzeugsysteme, die ursprünglich auf rein mechanischen Komponenten basierten, werden vermehrt durch elektrische und elektronische Baugruppen ersetzt. Einerseits werden die bestehenden Systeme effizienter, andererseits sind bestimmte Funktionalitäten erst durch den Einsatz von Elektrik und Elektronik realisierbar. Hierzu zählt die Fahrzeugquerführung mithilfe der Lenkung, die aufgrund der Elektrifizierung des Systems um intelligente Unterstützung- und Assistenzfunktionen erweitert werden konnte. Die Grundlenkfunktion des Systems lässt sich wie folgt beschreiben: Durch die Drehung des Lenkrads werden Drehbewegungen der gelenkten Räder um die Lenkachse verursacht. Hilfskraft- oder Servolenkungen unterstützen den Fahrer beim Lenken, indem sie die von ihm aufgebrachte Kraft beispielsweise am Lenkgetriebe verstärken.

Die elektrische Servolenkung (engl. electric power steering, EPS) erzeugt die Lenkunterstützung mithilfe eines Elektromotors, dessen Kraft über ein Servogetriebe in die Zahnstange oder die Lenksäule eingeleitet wird. Der Elektromotor wird über das Bordnetz versorgt, die Ansteuerung erfolgt über ein Steuergerät (engl. electronic control unit, ECU). Zur Erfassung des Lenkbefehls wird eine Drehmomentsensorik eingesetzt, die die Auslenkung des mit der Lenkung verbundenen Drehstabs misst und diese Daten an das Steuergerät übermittelt. Das Steuergerät der elektrischen Servolenkung berechnet mithilfe einer Signalverarbeitungselektronik die notwendige Lenkkraftunterstützung und steuert den Elektromotor durch eine Leistungselektronik. Abhängig vom Einbauort, wird zwischen Innenraum- und Motorraumsteuergeräten unterschieden. Bevorzugt kommen bei elektrischen Lenksystemen sogenannte Anbausteuergeräte zum Einsatz, die in unmittelbarer Nähe zum Elektromotor platziert werden. Sie benötigen nur kurze Verbindungsleitungen und weniger Steckverbindungen, was zum einen Leitungsverluste reduziert und zum anderen erheblich weniger Verkabelungsaufwand bedeutet.

© Springer Fachmedien Wiesbaden GmbH, ein Teil von Springer Nature 2019
U. Weinrich, *Methoden zur Bestimmung der Ausfallraten von elektrischen und elektronischen Systemen am Beispiel der Lenkungselektronik*, Wissenschaftliche Reihe Fahrzeugtechnik Universität Stuttgart, https://doi.org/10.1007/978-3-658-25463-6_1

Die Verdrängung der konventionellen hydraulischen Lenksysteme durch die elektrische Servolenkung wird insbesondere durch die folgenden drei Aspekte begünstigt:

- Power-On-Demand-System, d. h. Energie wird nur benötigt, wenn auch gelenkt wird (Reduktion von Kraftstoffverbrauch und CO_2-Emissionen)

- Funktionen auf Fahrzeugebene, die den gestiegenen Anforderungen an Fahrzeugsicherheit, Fahrkomfort und Fahrerassistenz gerecht werden (z. B. Einparkassistent, Spurhalteassistent)

- Vom Verbrennungsmotor unabhängige Lenkunterstützung

Dass das Fahrzeug den vom Fahrer aufgrund des Straßenverlaufs und des Verkehrsgeschehens vorgegebenen Kurs einhalten kann und selbständig beibehält, ist für die Verkehrssicherheit von essenzieller Bedeutung [1]. Dazu muss das elektromechanische Lenksystem so ausgelegt sein, dass ein sicherheitskritischer Zustand während des Betriebs nach dem Stand der Technik ausgeschlossen werden kann. Als sicherheitskritischer Zustand lässt sich die Abweichung des Fahrzeugverhaltens vom Normalzustand beschreiben, sodass der Fahrer mit der Fahrzeugführung überfordert ist und die Gefahr einer erheblichen Körperverletzung oder gar des Todes besteht. Wie alle sicherheitsrelevanten elektrischen bzw. elektronischen Systeme unterliegen elektrische Servolenkungen strengen gesetzlichen Anforderungen. Die Anforderungen des Gesetzgebers sind in den entsprechenden Richtlinien festgelegt, wie z. B. in der StVZO § 38 und der europäischen Richtlinie ECE-R 79 (Nachfolger von 70/311 EWG).

Darüber hinaus unterliegen elektrische Lenksysteme der ISO 26262, die die funktionale Sicherheit von Kraftfahrzeugen regelt. Funktionale Sicherheit wird definiert als die Abwesenheit von nicht akzeptablen Risiken von potentiellen Gefährdungssituationen, die durch das Fehlverhalten von elektrischen bzw. elektronischen Systemen (E/E-Systemen) entstehen können [2]. Sie ist in erster Linie eine Produkteigenschaft, die aktiv eruiert und konstruktiv entwickelt werden muss. Besonderes Augenmerk liegt auf der Sicherheit eines E/E-Systems im Kraftfahrzeug, da diese nicht durch externe Sicherheitsmaßnahmen gewährleistet werden kann, sondern integraler Bestandteil des Systems selbst sein muss.

Die vorliegende Arbeit befasst sich mit alternativen Methoden zur Berechnung von Ausfallraten von E/E-Systemen am Beispiel des Steuergeräts der elektrischen Servolenkung. Dies ist erforderlich, da die Daten der aktuell angewandten Verfahren veraltet sind, keine statistisch abgesicherten Daten zur Verfügung stellen und laut ISO 26262 [2] pessimistische Ergebnisse liefern. Den Kern der Arbeit bilden zwei Verfahren, die auf unterschiedliche Weise die Informationen aus dem Einsatz der Komponente im Endkundenbetrieb (Felddaten) für die Berechnung aufbereiten bzw. nutzen.

Das experimentelle Verfahren beinhaltet die Bestimmung eines allgemeinen Temperaturprofils der Umgebungsluft des Lenkungssteuergeräts. Temperaturprofile werden zur Charakterisierung der typischen Feldeinsatzbedingungen in Ausfallratenkatalogen wie IEC TR 62380 [3] oder SN 29500 [4] herangezogen. Hierzu wird eine repräsentative Probandenstudie im Fahrversuch auf öffentlichen Straßen eingesetzt und die Übertragbarkeit der Ergebnisse auf andere Klimazonen in einem Thermowindkanal untersucht.

Die Entwicklung einer felddatenbasierten Zuverlässigkeitsvorhersage, welche sowohl Betriebsdaten ausgefallener als auch funktionierender Komponenten im Feldeinsatz berücksichtigt, ist das Resultat des methodischen Verfahrens. Auf Basis der Bayes'schen Statistik wird ein System aufgebaut und die benötigten Felddaten werden dargestellt. Im letzten Schritt wird die entwickelte Methode an synthetisch generierten Ausfalldaten getestet und bewertet.

Einführend werden grundlegende Begriffe und Definitionen der Zuverlässigkeitstechnik und Statistik behandelt, sowie die Lebensdauerverteilungen dargestellt, die im Rahmen dieser Arbeit für die Analyse eingesetzt werden. Diese werden ergänzt um den Stand der Technik der Bayes-Statistik und Markov-Ketten-Monte-Carlo-Verfahren. Anschließend wird in Kapitel 3 die Ausfallratenberechnung in ihrer aktuellen Form analysiert und bewertet. Zur Absicherung der Belastbarkeit der Ergebnisse werden in Kapitel 4 die Eckpunkte zur Planung einer repräsentativen Probandenstudie vorgestellt. Darauf aufbauend, werden die Ergebnisse der Messfahrten von zwei verbrennungsmotorisch angetriebenen Fahrzeugen auf der Straße und auf dem Rollenprüfstand eines Thermowindkanals betrachtet. Als Erweiterung der Messungen mit zwei konventionellen Fahrzeugen wird ein Elektrofahrzeug in einer weiteren Probandenstudie untersucht. In Kapitel 5 wird die Methode zur Berechnung der Ausfallrate von elektrischen und elektronischen Systemen in Kraftfahrzeugen basierend auf den Felddaten vorgestellt. Der praktische Nachweis sowie die Vorstellung und die Bewertung der Ergebnisse folgen.

2 Grundlagen

Seit Jahren lässt sich ein Anstieg der sicherheitskritischen Elektronikfunktionen in Fahrzeugen beobachten. Damit wird die Betrachtung aus der Zuverlässigkeitsperspektive unumgänglich. Zu Beginn dieses Kapitels werden die Grundlagen zu funktionaler Sicherheit, Statistik und Zuverlässigkeit erläutert. Dazu gehören die ISO 26262, wichtige Begrifflichkeiten und Verteilungen sowie statistische Methoden zur Planung von Probandenstudien. Im weiteren Verlauf werden die Bayes'sche Statistik und das Markov-Ketten-Monte-Carlo-Verfahren erläutert. Darüber hinaus werden die Likelihood-Funktion sowie der Maximum-Likelihood-Schätzer dargestellt.

2.1 Funktionale Sicherheit

Funktionale Sicherheit ist die Fähigkeit eines elektrischen, elektronischen bzw. programmierbar elektronischen Systems (E/E/PE-System) bei Auftreten zufälliger und/oder systematischer Ausfälle mit gefahrbringender Wirkung im sicheren Zustand zu bleiben bzw. einen sicheren Zustand einzunehmen.

Sicherheitsnormen wie die IEC 61508 stellen Anforderungen an eine systematische Vorgehensweise bei der Entwicklung von sicherheitsbezogenen E/E/PE-Systemen, um ausgehende Gefahren und Risiken auf ein tolerierbares Restrisiko zu minimieren. Folglich müssen gefährliche Fehlfunktionen des Systems vermieden oder zumindest beherrscht werden. Diese Ausfälle können beispielsweise durch systematische Fehler (menschliches Versagen wie z. B. Spezifikationsfehler, Entwurfsfehler, Implementierungsfehler und Installations- / Bedienungsfehler) oder durch zufällige Hardwarefehler (begrenzte Zuverlässigkeit von Hardwarebauteilen) verursacht werden. Ziel der funktionalen Sicherheit ist somit die Entwicklung von Maßnahmen und deren technische Umsetzung, um Gefährdungen abzuwenden bzw. komplett zu verhindern. Voraussetzung dafür sind die Identifikation einer Gefahrensituation und die entsprechende Reaktion, um einen Unfall zu verhindern oder dessen Schwere zu vermindern.

© Springer Fachmedien Wiesbaden GmbH, ein Teil von Springer Nature 2019
U. Weinrich, *Methoden zur Bestimmung der Ausfallraten von elektrischen und elektronischen Systemen am Beispiel der Lenkungselektronik*, Wissenschaftliche Reihe Fahrzeugtechnik Universität Stuttgart, https://doi.org/10.1007/978-3-658-25463-6_2

Die Normen zur funktionalen Sicherheit gelten ab dem offiziellen Release. Sie gelten für alle ab ihrer Veröffentlichung verkauften Produkte. Die Anwendung der Normen zur funktionalen Sicherheit ist stets freiwillig. Tritt ein Fehler oder gar ein Unfall auf, wird jedoch die Einhaltung der Normen bei der Entwicklung des Systems geprüft, da es sich um den „aktuellen Stand der Technik" handelt. Wurden die Normen verletzt oder nicht beachtet, drohen empfindliche zivil- und strafrechtliche Folgen. Eine Zertifizierung nach Normen der funktionalen Sicherheit befreit nicht von der Produkthaftung, sie mindert jedoch die enstehenden Ansprüche im Falle eines Systemversagens. Eine Anpassung dieser Normenreihe für Kraftfahrzeuge ist die ISO 26262.

2.2 ISO 26262

ISO 26262 „Road Vehicles – Functional Safety" ist der internationale Standard zur funktionalen Sicherheit von E/E-Systemen in Personenkraftwagen (PKW). Die Norm ist anwendbar auf sicherheitsbezogene Systeme, die ein oder mehrere E/E-Systeme einschließen und die in Serien-Personenkraftwagen („series production passenger cars") mit einem maximal zulässigen Gesamtgewicht von 3,5 Tonnen installiert werden. ISO 26262 behandelt mögliche Gefährdungen, die durch Ausfälle der sicherheitsbezogenen E/E-Systeme bedingt sind. Mit der Publizierung am 15. November 2011 ist die ISO 26262 als Stand der Technik anzusehen und damit relevant in Produkthaftungsfällen.

Die Norm stellt die Anpassung der Grundnorm IEC 61508 an die Bedürfnisse der Automobilindustrie dar und beschreibt sowohl Methoden, Aktivitäten als auch Arbeitsprodukte, die während des gesamten Produktentwicklungsprozesses von sicherheitsbezogenen Systemen in Kraftfahrzeugen durchgeführt werden müssen. Die geforderten Aufwände und Auflagen richten sich nach den Gefährdungen und Risiken, die in direktem Zusammenhang mit dem betrachteten sicherheitsbezogenen System stehen. In der ISO 26262 werden betrachtete Systeme durch die Zuordnung von Integritätslevdeln (siehe Automotive Safety Integrity Level) entsprechend der bestehenden Gefährdungen und Risiken klassifiziert.

Automotive Safety Integrity Level

Automotive Safety Integrity Level (ASIL) bezeichnet eines von insgesamt vier Leveln zur Vermeidung von nicht tolerierbaren Restrisiken [5]. Dabei steht ASIL A für das niedrigste und ASIL D für das höchste Sicherheitslevel. Der ASIL verweist auf Sicherheitsmaßnahmen und notwendige Anforderungen aus der ISO 26262 für das Fahrzeugsystem oder einzelne Elemente.

ASILs sind dreidimensional und beinhalten drei Variablen: Schweregrad, Expositionswahrscheinlichkeit und Kontrollierbarkeit. ISO 26262-3, Abschnitt 7 „Gefahrenanalyse und Risikobewertung" enthält Tabellen, die diese drei Variablen in Klassen zerlegen [6, 7]. Die Eintrittswahrscheinlichkeit (engl. exposure, E) hat fünf Klassen: »Unvorstellbar« bis »Hohe Wahrscheinlichkeit» (E0-E4). Die Schwere des Fehlers (engl. severity, S) hat vier Klassen: «Keine Verletzungen« bis »Lebensbedrohliche / tödliche Verletzungen« (S0-S3). Die Beherrschbarkeit des Fehlers durch den Fahrer (engl. controllability, C) hat vier Klassen: »Regelbar im Allgemeinen« bis »Schwierig zu kontrollieren oder unkontrollierbar« (C0-C3). Die Definitionen sind als informativ – nicht vorschreibend – anzusehen und lassen daher viel Ermessensspielraum für Zulieferer und Automobilhersteller. Aus Tabelle 2.1 lässt sich für jede Gefährdung die Einstufung QM (Qualitätsmanagement) oder ASIL A bis D für ein elektronisches System, Teilsystem oder eine Komponente im Fahrzeug ablesen.

Sicherheitsziel

Sicherheitsziele sind die höchsten Sicherheitsanforderungen an ein Sicherheitssystem (ISO 26262-10:2012, 6.5.1) und werden bereits in der Konzeptphase festgelegt. Dabei gilt, dass sich ein Sicherheitsziel auf verschiedene Gefahren und mehrere Sicherheitsziele auf eine Gefahr beziehen können [5]. Sicherheitsziele beziehen sich nicht auf technologische Lösungen, sondern auf funktionale Ziele [2].

Für jedes identifizierte Gefährdungspotenzial der Gefahren- und Risikoanalyse wird ein Sicherheitsziel (engl. safety goal) formuliert und diesem ein Integritätslevel (ASIL A, B, C oder D) zugeordnet. Aus den Sicherheitszielen leiten

Tabelle 2.1: ASIL Bestimmung

Schadens- ausmaß	Eintritts- wahrscheinlichkeit	Beherrschbarkeit		
		C1	C2	C3
S1	E1	QM	QM	QM
	E2	QM	QM	QM
	E3	QM	QM	A
	E4	QM	A	B
S2	E1	QM	QM	QM
	E2	QM	QM	A
	E3	QM	A	B
	E4	A	B	C
S3	E1	QM	QM	A
	E2	QM	A	B
	E3	A	B	C
	E4	B	C	D

sich schließlich die funktionalen Sicherheitsanforderungen ab, die den Systemen des Items[1] zugeordnet werden.

Sicherheitsziele werden für ein Fahrzeugsystem definiert, jedoch können mehrere Fahrzeugsysteme eine bestimmte Bewegungsrichtung des Fahrzeugs beeinflussen [5]. Für die Elektromobilität ergeben sich bezüglich der Verfügbarkeit neue Fragestellungen, da Sicherheitsziele durch ein einfaches Abschalten der Energie nicht erreichbar sind. Abhängig von individuellen Betriebs- und Fahrzuständen muss ein sicherer Zustand aktiv (mit Energie) oder passiv (ohne Energie) erreicht werden.

Failure in Time

Als Teil der Bewertung der Hardwarearchitektur sind die Ausfallraten der sicherheitsbezogenen Hardwareteile zu bestimmen. Zur Schätzung der Ausfallraten von Hardwareteilen können laut ISO 26262-5:2011, 8.4.3 anerkannte Industriequellen (sogenannte Ausfallratenkataloge, z. B. IEC/TR 62380, MIL

---

[1]System oder Feld von Systemen, welche eine Funktion auf Fahrzeugebene realisiert, auf welches die ISO 26262 angewendet werden soll [2].

HDBK 217 F notice 2 etc.), auf Feld- bzw. Versuchsdaten basierende Statistiken mit ausreichendem Konfidenzniveau oder Expertenurteilen herangezogen werden [2].

Die Ausfallrate technischer Komponenten – insbesondere elektronischer Bauteile – wird mit dem englischen Begriff Failure in Time (FIT) beschrieben. Die Größe FIT gibt dabei die Anzahl der Bauteile an, welche in 10^9 Betriebsstunden ausfallen [8–10]. Bauteile mit einem hohen FIT-Wert fallen statistisch gesehen häufiger aus als solche mit einem niedrigen Wert. Mithilfe der FIT-Werte einzelner Bauteile lässt sich die Ausfallwahrscheinlichkeit komplexer Geräte bereits in der Konstruktions- oder Planungsphase abschätzen. Hierbei wird davon ausgegangen, dass der Ausfall eines beliebigen Einzelteils zum Versagen des ganzen Gerätes führt, falls keine Redundanzen vorliegen. Aus der Summe der Ausfallraten der Einzelteile ergibt sich somit die Ausfallrate des ganzen Gerätes.

Die zulässigen Ausfallwahrscheinlichkeiten ergeben sich aus der ASIL-Zuordnung der Sicherheitsziele:

ASIL A Empfohlene Ausfallwahrscheinlichkeit kleiner 10^{-6} / Stunde, entspricht einer Rate von 1.000 FIT

ASIL B Empfohlene Ausfallwahrscheinlichkeit kleiner 10^{-7} / Stunde, entspricht einer Rate von 100 FIT

ASIL C Geforderte Ausfallwahrscheinlichkeit kleiner 10^{-7} / Stunde, entspricht einer Rate von 100 FIT

ASIL D Geforderte Ausfallwahrscheinlichkeit kleiner 10^{-8} / Stunde, entspricht einer Rate von 10 FIT

Ausblick 2nd Edition

Im Dezember 2016 lag der Draft International Standard ISO/DIS 26262:2016 als veröffentlichter Zwischenstand vor. Zu den wichtigsten Änderungen in der 2nd Edition gehören die Ausweitung des Scopes auf alle Straßenfahrzeuge („Series production road vehicles, excluding mopeds") und die Erweiterung um den Band 11 („Guideline on application of ISO 26262 to semiconductors") sowie den Band 12 („Adaptation for motorcycles") [11]. Zum Zeitpunkt

der Erstellung dieser Arbeit wird die finale Version der 2nd Edition der ISO
26262 für die endgültige Veröffentlichung vorbereitet.

2.3 Statistik

2.3.1 Statistische Grundlagen

Ergebnis und Ereignis

Ein endlicher Ergebnisraum ist eine nichtleere Menge $\Omega = x_1,...,x_n$. Die Elemente x_i heißen Ergebnisse. Jede Teilmenge $A \subset \Omega$ wird als Ereignis, jede
einelementige Teilmenge $x_i \subset \Omega$ als Elementarereignis bezeichnet.

Zufallsvariable

Eine Funktion $X = X(x) : \Omega \to \mathbb{R}$, die jedem Ergebnis $x \in \Omega$ eine reelle
Zahl zuordnet, heißt Zufallsvariable, falls jedes Intervall $(-\infty,a] \subset \Omega$ einem
Ergebnis des Ergebnisraumes Ω zugeordnet wird.

Verteilungsfunktion

Die Funktion $F(x) := P(X \leq x)$ der reellen Variablen x heißt Verteilungsfunktion der Zufallsvariablen X.

Dichte/Dichtefunktion

Eine Zufallsvariable X heißt stetig, wenn eine integrierbare Funktion $f(x) \geq$
$0 \forall x \in \mathbb{R}$ existiert, so dass sich die Verteilungsfunktion $F(x) \forall x \in \mathbb{R}$ in der Form
$F(x) = \int_{-\infty}^{x} f(u)du$ schreiben lässt. $f(x)$ heißt Dichte von X. Da $\lim_{x \to \infty} = 1$ gilt,
folgt $\int_{-\infty}^{\infty} f(x)\,dx = 1$. $f(x)$ gibt an, wie die Wahrscheinlichkeitsmasse von 1
über die x-Achse verteilt ist.

2.3.2 Statistische Maßzahlen

Erwartungswert / Arithmetischer Mittelwert

Der Erwartungswert (Mittelwert) $E(X)$ bzw. $\bar{x}$ einer Zufallsgröße x ist gleich dem arithmetischen Mittelwert einer großen Anzahl unabhängiger Beobachtungen (Realisierungen) $x_1, x_2, \ldots, x_n$ von x [12], d. h. es gilt

$$E(X) = \sum_{i=1}^{n} x_i P(X = x_i) \qquad \text{Gl. 2.1}$$

Für eine stetige Zufallsvariable gilt entsprechend

$$E(X) = \bar{x} = \int_{-\infty}^{\infty} x f(x) dx \qquad \text{Gl. 2.2}$$

Anmerkung: Der arithmetische Mittelwert $\bar{x}$ ist sehr empfindlich gegenüber „Ausreißern", d.h. eine extrem kurze oder lange Ausfallzeit beeinflusst die Größe des Mittelwertes sehr stark [8, 13].

Varianz

Die Varianz σ^2 bzw. Var(X) gibt an, wie die Zufallsgröße x um ihren Erwartungswert $E(X)$ streut [8, 13]. Sie wird auch als zweites zentrales Moment bezeichnet und ist bei diskreten Zufallsgrößen allgemein definiert durch:

$$\sigma^2 = \sum_{i} (x_i - \bar{x})^2 P(X = x_i) \qquad \text{Gl. 2.3}$$

Bei stetigen Zufallsgrößen gilt:

$$\sigma^2 = \int_{-\infty}^{\infty} (x - \bar{x})^2 f(x) dx \qquad \text{Gl. 2.4}$$

Für die Varianz empirischer Merkmalswerte ist der Begriff der Streuung gebräuchlicher. Es gilt:

$$s^2 = \frac{1}{n-1} \sum_{i}^{n} (x_i - \bar{x})^2 \qquad \text{Gl. 2.5}$$

Standardabweichung

Die empirische Standardabweichung σ ergibt sich als positive Wurzel aus der Varianz:

$$\sigma = \sqrt{\sigma^2} \qquad \text{Gl. 2.6}$$

Die Standardabweichung hat gegenüber der Varianz den Vorteil, dass sie die gleiche Dimension wie die Zufallsgröße x besitzt [8, 13].

Median

Der Wert, der genau in der Mitte einer Datenverteilung liegt, nennt sich Median oder Zentralwert. Die eine Hälfte aller Individualdaten ist immer kleiner, die andere ist größer als der Median.

$$x_{median} = \begin{cases} x_{\frac{n+1}{2}} & \text{für } n \text{ ungerade} \\ \frac{1}{2}(x_{\frac{n}{2}} + x_{\frac{n}{2}+1}) & \text{für } n \text{ gerade} \end{cases} \qquad \text{Gl. 2.7}$$

Im Vergleich zum arithmetischen Mittelwert $\bar{x}$, besteht ein großer Vorteil des Medians darin, dass er sehr unempfindlich gegenüber „Ausreißern" ist [8, 13, 14].

2.3.3 Statistische Methoden

Die Formulierung verbindlicher Aussagen über die Gültigkeit wissenschaftlicher Theorien oder deren Widerlegung erfordert eine systematische Sammlung von Erfahrungen in Form von explorativen Untersuchungen. Voraussetzung für die Belastbarkeit der Ergebnisse ist eine detaillierte Planung der Untersuchung.

Mithilfe von vorhandenen Vorkenntnissen werden vor den Untersuchungen präzise Hypothesen formuliert, die ein konkretes Untersuchungsergebnis voraussagen. Nach Abschluss der Untersuchungen wird statistisch überprüft, ob die Untersuchungsergebnisse die Hypothesen bestätigen oder ihnen widersprechen [15]. Tests zur statistischen Überprüfung von Hypothesen heißen Signifikanztests. Der Signifikanztest ermittelt die Irrtumswahrscheinlichkeit, also die Wahrscheinlichkeit dafür, dass die Nullhypothese fälschlicherweise verworfen wird, obwohl sie eigentlich richtig ist. Ist die Irrtumswahrscheinlichkeit kleiner als das Signifikanzniveau α, wird das Stichprobenergebnis als statistisch signifikant bezeichnet. Per Konvention sind die Werte 0,05 (signifikant) bzw. 0,01 (sehr signifikant) festgelegt. [15]

Die Auswahl eines geeigneten Signifikanztests erfolgt in Abhängigkeit der formulierten Hypothesen. Im Kontext dieser Arbeit ist als Signifikanztest der t-Test für eine Stichprobe (Einstichprobentest) von Bedeutung. Dieser prüft anhand des Mittelwerts einer Stichprobe, ob er mit einem bestimmten Populationsmittelwert einer Grundgesamtheit übereinstimmt bzw. von ihm abweicht [16]. Die Nullhypothese besagt, dass der Mittelwert der Grundgesamtheit identisch mit dem vorgegebenen Wert der Referenzpopulation ist. Die signifikante Abweichung des Stichprobenmittelwerts vom zugrunde gelegten Populationsmittelwert wird durch die Alternativhypothese postuliert. Der t-Wert ist bei diesem Verfahren ein standardisiertes Maß für den Abstand des Stichprobenmittelwerts von dem betrachteten Populationsmittelwert (siehe Gleichung 2.11).

Das Ziel der experimentellen Untersuchungen ist es, mithilfe von relativ wenigen Untersuchungsobjekten auf statistisch abgesicherte Ergebnisse bezüglich der Populationsverhältnisse zu schließen. Für die eindeutige Angabe einer optimalen Stichprobengröße müssen sowohl die zur statistischen Absicherung des untersuchten Effekts notwendige Mindestgröße eingehalten als auch die gewünschte Schätzgenauigkeit und der Untersuchungsaufwand beachtet werden [15]. Um den Mittelwertparameter μ mit vorgegebener Genauigkeit schätzen zu können, wird die Standardisierung (z-Transformation) der Normalverteilung nach der Stichprobenanzahl n aufgelöst [15]:

$$z = \frac{\bar{x} - \mu}{\sigma_{\bar{x}}} = \frac{\bar{x} - \mu}{\sigma / \sqrt{n}} = \frac{e}{\sigma / \sqrt{n}} \qquad \text{Gl. 2.8}$$

$$n = \frac{z^2 \cdot \sigma^2}{e^2} \qquad \text{Gl. 2.9}$$

wobei e den Schätzfehler $\bar{X} - \mu$ und σ die Populationsvarianz symbolisiert. Für den z-Wert ist – abhängig von der Wahl eines 95- oder 99-prozentigen Konfidenzintervalls – der Wert 1,96 oder 2,58 einzusetzen. Da die Schätzung der Streubreite (engl. Range, R) der möglichen Merkmalsausprägungen bei einigen Verteilungsformen (z. B. Gleichverteilung, Dreiecksverteilung usw.) trivialer ist, kann die Streuung des untersuchten, normalverteilten Merkmals mit Gleichung 2.10 geschätzt werden [15]:

$$\hat{\sigma} = \frac{R}{5,15} \qquad \text{Gl. 2.10}$$

Die Streubreite R ist bei stetigen Merkmalen definiert als die Differenz des größten und des kleinsten erwarteten Wertes [15]. Basierend auf Gleichung 2.9 kann die optimale Stichprobengröße in Abhängigkeit des Schätzfehlers und des gewählten Konfidenzintervalls bestimmt oder den entsprechenden Tabellen in [15] entnommen werden.

Nach Durchführung der Datenerhebung erfolgt die statistische Auswertung. Von Interesse ist dabei die Wahrscheinlichkeit, mit der Stichprobenergebnisse auftreten können, wenn die Nullhypothese gilt. Dazu wird aus den erzielten Ergebnissen ein standardisiertes Maß der erzielten Mittelwertdifferenz berechnet. Der t-Wert errechnet sich aus dem empirischen Mittelwert durch Einsetzen des Populationsmittelwerts einer Referenzpopulation und dem Standardfehler des Mittelwerts in Gleichung 2.11 [16]. Ist der empirische t-Wert größer als der „kritische" Tabellenwert t_{krit}, beträgt die Irrtumswahrscheinlichkeit weniger als α – das Ergebnis ist auf dem α-Niveau signifikant. Um t_{krit} zu bestimmen, werden die Freiheitsgrade und das Signifikanzniveau α benötigt.

$$t_{emp} = \frac{\bar{x} - \mu_0}{\hat{\sigma}_{\bar{x}}}, \text{ mit } df = n - 1 \qquad \text{Gl. 2.11}$$

Dabei sind $\bar{x}$ der Mittelwert der Stichprobe, μ_0 der Populationsmittelwert der Referenzpopulation, $\hat{\sigma}_{\bar{x}}$ der Standardfehler des Mittelwerts und df die Freiheitsgradzahl.

Da die Signifikanz eines Ergebnisses nichts über die praktische Bedeutung des Ergebnisses aussagt, werden die Effektgröße und das Konfidenzintervall zum

Ausdruck von Ausmaß und relativer Bedeutung des Effekts gefordert [17, 18]. Als Maß der Effektstärke kann „Cohens d" für die Einstichprobe mithilfe der Mittelwerte und der Standardabweichung oder des empirischen t-Werts und der Freiheitsgrade berechnet werden [19]:

$$d = \frac{\bar{x} - \mu_0}{\hat{\sigma}_x} = \frac{t_{emp}}{\sqrt{N}} \qquad \text{Gl. 2.12}$$

Für das Konfidenzintervall $KI_{(100-\alpha)\%}$ gilt allgemein:

$$KI_{(100-\alpha)\%} = \bar{x} \pm z_{\alpha/2} \cdot \sigma_{\bar{x}} \qquad \text{Gl. 2.13}$$

Diese Gleichung setzt voraus, dass die Populationsstreuung σ bekannt ist. Da diese Annahme für die Praxis unrealistisch ist, wird der unbekannte Parameter σ^2 durch $\hat{\sigma}^2$ aus den Stichprobendaten geschätzt. Der entsprechende z-Wert aus Gleichung 2.13 wird durch denjenigen t-Wert ersetzt, der von der t-Verteilung mit $df = n - 1$ Freiheitsgraden an beiden Seiten $\alpha/2\%$ für das $(100 - \alpha)\%$ige Konfidenzintervall abschneidet. [15] Aus Gleichung 2.13 folgt somit:

$$KI_{(100-\alpha)\%} = \bar{x} \pm t_{\alpha/2} \cdot \hat{\sigma}_{\bar{x}} \qquad \text{Gl. 2.14}$$

2.4 Zuverlässigkeit

2.4.1 Statistische Beschreibung der Zuverlässigkeit

Die Lebensdauer T einer Komponente oder eines technischen Systems (z. B. Zeit, gefahrene Strecke, Betriebszyklen) ist eine nicht negative stetige Zufallsvariable [20]. Mithilfe dieser Zufallsvariablen lassen sich die im Folgenden dargestellten Kenngrößen bestimmen.

Ausfallwahrscheinlichkeit

Die Ausfallwahrscheinlichkeit (engl. cumulative distribution function, cdf) beschreibt die Wahrscheinlichkeit für das Auftreten eines Ausfalls im Zeitintervall $[0, t]$ [13, 21]. Allgemein ist die Ausfallwahrscheinlichkeit $F(t)$, auch Aus-
fallverteilungsfunktion, gegeben als:

$$F(t) = P(T \leq t)$$ Gl. 2.15

Dabei entspricht $P(T \leq t)$ der Wahrscheinlichkeit, dass die Lebensdauer T
einer Betrachtungseinheit die vorgegebene Zeit t unterschreitet. In der Zuverlässigkeitstechnik gilt für die Zufallsgröße $T \geq 0$. Die Verteilungsfunktion
steigt vom Wert $F(t) = 0$ bis zum Wert $F(\infty) = 1$ monoton an.

Aus der Definition von F folgt für $t_1 < t_2$ Gleichung 2.16:

$$P(t_1 < T \leq t_2) = F(t_2) - F(t_1)$$ Gl. 2.16

Ausfallwahrscheinlichkeitsdichte

Die Ausfallwahrscheinlichkeitsdichte $f(t)$ (engl. probability density function,
pdf), auch Dichtefunktion genannt, beschreibt die zeitliche Ableitung der Aus-
fallwahrscheinlichkeitsfunktion $F(t)$ und stellt die Wahrscheinlichkeit eines
Ausfalls zum Zeitpunkt t dar, bezogen auf ein differenziell kleines Zeitintervall dt [8, 13, 22]:

$$f(t) = \frac{dF(t)}{dt} = \frac{dP(T \leq t)}{dt}$$ Gl. 2.17

Die Dichtefunktion ist somit niemals kleiner Null und ergibt in integrierter
Form über das gesamte Zeitintervall Eins.

Überlebenswahrscheinlichkeit

Die Überlebenswahrscheinlichkeit oder auch Zuverlässigkeit $R(t)$ ist das Kom-
plement der Ausfallwahrscheinlichkeit. Sie wird definiert als die Wahrschein-

lichkeit dafür, dass die Lebensdauer T einer Betrachtungseinheit den Wert t überschreitet [13, 21], d. h. die Einheit im Zeitintervall $[0,t]$ nicht ausfällt:

$$R(t) = P(T > t) = 1 - F(t) \qquad \text{Gl. 2.18}$$

Üblicherweise sind zum Zeitpunkt $t = 0$ alle Einheiten intakt und der Funktionswert der Zuverlässigkeit lautet $R(0) = 1$. Die Zuverlässigkeit entspricht einer monoton fallenden Funktion und geht auf Null zurück, nachdem alle betrachteten Systeme ausgefallen sind.

Ausfallrate

Unter der Annahme, dass das System zum Zeitpunkt t funktioniert, ist die Wahrscheinlichkeit, dass es im Zeitintervall $(t, t + dt]$ ausfällt [8]:

$$P(t < T \leq t + dt | T > t) = \frac{P(t < T \leq t + dt)}{P(T > t)} = \frac{F(t + dt) - F(t)}{R(t)} \qquad \text{Gl. 2.19}$$

Die Division dieser Wahrscheinlichkeit durch die Länge des Zeitintervalls dt mit $dt \to 0$ ergibt die Ausfallrate [23, 24]:

$$
\begin{aligned}
\lambda(t) &= \lim_{dt \to 0} \frac{1}{dt} P(t < T \leq t + dt | T > t), dt > 0 \\
&= \lim_{dt \to 0} \frac{F(t + dt) - F(t)}{dt} \cdot \frac{1}{R(t)} \\
&= -\frac{1}{R(t)} \cdot \frac{dR(t)}{dt} \\
&= \frac{f(t)}{R(t)}
\end{aligned}
\qquad \text{Gl. 2.20}
$$

Zur Unterscheidung der Ausfall- und Gefährdungsrate (engl. failure rate bzw. hazard rate) werden diese in [25] wie folgt abgegrenzt:

Ausfallrate: Die Wahrscheinlichkeit des nächsten Fehlers im Zeitintervall $(t, t + dt]$

Gefährdungsrate: Die Wahrscheinlichkeit des ersten und einzigen Fehlers im Zeitintervall $(t, t + dt]$

Wird das Ausfallverhalten eines Teils oder einer Maschine über dem gesamten Produktlebenszyklus dargestellt, ergibt sich dabei immer ein ähnlicher, typischer Verlauf der Kurve (siehe Abbildung 2.1). Entsprechend der Form der Kurve wird sie als „Badewannenkurve" bezeichnet. Drei Bereiche lassen sich bei der Badewannenkurve deutlich unterscheiden [22, 26]:

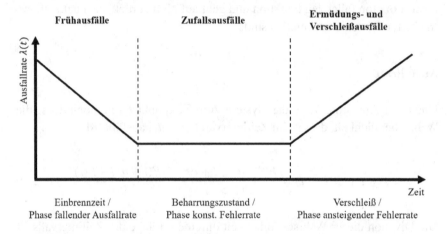

Abbildung 2.1: Badewannenkurve nach [8, 13]

Im Bereich 1 nimmt die Ausfallrate bei zunehmender Lebensdauer ab und beschreibt somit die Frühausfälle, die vorwiegend durch Montage-, Fertigungs- oder Werkstofffehler verursacht werden. Dies zeigt sich bei elektronischen Geräten in der Anfangs- oder Einbrennzeit.

Im Bereich 2 der Zufallsausfälle ist die Ausfallrate konstant. Eine konstante Ausfallrate kann durch das Aufbringen von Lasten mit einer konstanten Durchschnittsrate verursacht werden, die über den Konstruktionsvorgaben oder der Festigkeit liegt. Diese sind typischerweise extern induzierte Ausfälle. Eine konstante Ausfallrate bedeutet zudem, dass die betrachteten Einheiten keine Verschlechterung des Ausfallverhaltens mit zunehmender Zeit erfahren, obwohl immer wieder Systeme ausfallen.

Im Bereich 3 der Verschleiß- und Ermüdungsausfälle steigt die Ausfallrate stark an. Eine zunehmende Ausfallrate kann durch Materialermüdung oder Festigkeitsverschlechterung durch zyklische Belastung verursacht werden.

Vertrauensbereich / Konfidenzintervall

Aufgrund der Streuung einer Zufallsgröße, lässt sich um den Schätzwert ein Intervall mit einem oberen und einem unteren Grenzwert angeben, indem die für die Grundgesamtheit gültige Zufallsgröße mit einer bestimmten Auftrittswahrscheinlichkeit vorkommt [27]. Die Größe des Wertebereichs ist abhängig von der Auftrittswahrscheinlichkeit der Zufallsgröße und wird als Vertrauensbereich oder Konfidenzintervall bezeichnet. Meist wird ein Konfidenzniveau von 95 % gewählt. Das bedeutet, dass der Bereich den theoretischen (unbekannten) Wert des interessierenden Parameters mit einer Wahrscheinlichkeit von 95 % beinhaltet. Mit einer Wahrscheinlichkeit von fünf Prozent wird der Wert der Zufallsgröße außerhalb des angegebenen Bereichs liegen.

Üblicherweise ist das Vertrauensintervall symmetrisch um den Mittelwert herum angeordnet, so dass sich für eine symmetrische Wahrscheinlichkeitsdichtefunktion $f(x)$ das 95 % -Konfidenzintervall auf dem Intervall $[-a, a]$ aus Gleichung 2.21 ergibt.

$$KI = \int_{-a}^{a} P(x)dx = 0{,}95 \qquad \text{Gl. 2.21}$$

Analog kann das Konfidenzintervall durch Dichtefunktionen, die um die jeweiligen Ausfallzeitpunkte gelegt sind, beschrieben werden [27]. Der Vertrauensbereich für einen Ausfallverlauf anhand von Überlebenswahrscheinlichkeiten entspricht der Fläche unterhalb der Dichtefunktion innerhalb der Grenzen R_{min} als Mindestzuverlässigkeit und Eins.

$$KI = P(R_{min} \leq R \leq 1) = \int_{R_{min}}^{1} f(R)dR \qquad \text{Gl. 2.22}$$

Im Gegensatz dazu wird eine Überschreitung einer festgelegten maximalen Ausfallwahrscheinlichkeit F_{max} mit einer Aussagesicherheit P_A durch

$$KI = P(0 \leq F \leq F_{max}) = \int_{0}^{F_{max}} f(F)dF \qquad \text{Gl. 2.23}$$

abgesichert.

Um Ausfallraten Vertrauensintervalle zuzuordnen, müssen diese mit einer statistischen Verteilung modelliert werden [28]. Für konstante Fehlerraten wird der Vertrauensbereich mithilfe der Chi-Quadrat-Verteilung (χ^2) ermittelt [10, 28, 29]. Zu den weiteren Ansätzen zählen Fisher-Matrix-, Beta-Binomial-, Likelihood-Ratio- und die Bayes'schen Vertrauensbereiche (siehe Gleichung 2.57).

2.4.2 Univariate (Wahrscheinlichkeits-)Verteilungen

Die bekannteste Lebensdauerverteilung ist die Normal- oder Gauß-Verteilung, die jedoch in der Zuverlässigkeitstheorie nur sehr selten angewendet wird. Die Exponential-Verteilung wird häufig in der Elektrotechnik eingesetzt, während im Maschinenbau die Weibullverteilung die am meisten verwendete Lebensdauerverteilung ist. Die logarithmische Normalverteilung wird gelegentlich in der Werkstofftechnik und auch im Maschinenbau verwendet. [8, 30]

Logarithmische Normalverteilung

Die logarithmische Normalverteilung, kurz Lognormalverteilung, geht aus der Normalverteilung hervor. Die logarithmischen Merkmalswerte (z. B. die Ausfallzeit t) folgen einer Normalverteilung [14, 31, 32]. Die logarithmische Normalverteilung ist variabler als die Normalverteilung und ermöglicht die Beschreibung sehr unterschiedlicher Dichtefunktionen. Ein entscheidender Vorteil der Lognormalverteilung ist die Tatsache, dass die Normalverteilung die wohl am besten untersuchte Verteilung darstellt und dass sich die Verfahren der Normalverteilung einfach auf die Lognormalverteilung übertragen lassen [13]. Gleichzeitig lässt sich nur die Dichtefunktion in geschlossener Form darstellen. Andere Ausfallfunktionen erfordern eine aufwändige Integralbildung bzw. die Ermittlung mit Tabellen [8]. Sehr gut lässt sich ein Ausfallverhalten beschreiben, bei dem anfänglich die Ausfallrate schnell zunimmt, bei dem aber auch entsprechend viele Bauteile sehr robust und widerstandsfähig sind, um so eine lange Belastungszeit zu ertragen [13]. Außerdem eignet sich die Verteilung zur Beschreibung von Degradationsprozessen, die bei Halbleitermaterialien üblich sind [33]. In der Automobilbranche wird sie zusätzlich verwendet, um die Laufleistungsverteilung von Fahrzeugen statistisch zu beschreiben [34–37].

Die Wahrscheinlichkeitsdichte einer lognormalverteilten Zufallsgröße lautet:

$$f(t) = \frac{1}{t \cdot \sigma \sqrt{2\pi}} \cdot e^{-\frac{(\log t - \mu)}{2\sigma^2}} \qquad \text{Gl. 2.24}$$

Die Gleichungen der Ausfallwahrscheinlichkeit, Zuverlässigkeit und Ausfallrate sowie des Erwartungswerts und der Varianz sind in Tabelle 2.2 zusammengefasst.

Tabelle 2.2: Formeln der Logarithmischen Normalverteilung

Funktion	Formel
Ausfallwahrscheinlichkeit	$F(t) = \int_0^t \frac{1}{\tau \cdot \sigma \sqrt{2\pi}} \cdot e^{-\frac{(\log \tau - \mu)}{2\sigma^2}} \, d\tau$
Überlebenswahrscheinlichkeit	$R(t) = 1 - \int_0^t \frac{1}{\tau \cdot \sigma \sqrt{2\pi}} \cdot e^{-\frac{(\log \tau - \mu)}{2\sigma^2}} \, d\tau$
Ausfallrate	$\lambda = \frac{f(t)}{R(t)}$
Erwartungswert	$E(T) = \exp\left(\mu + \frac{\sigma^2}{2}\right)$
Varianz	$\sigma^2 = \exp(2\mu + \sigma^2)(\exp(\sigma^2) - 1)$

Gammaverteilung

Die Gammaverteilung $G(p,q)$ ist eine kontinuierliche Wahrscheinlichkeitsverteilung über der Menge der positiven reellen Zahlen. Sie ist einerseits eine direkte Verallgemeinerung der Exponentialverteilung und andererseits eine Verallgemeinerung der Erlang-Verteilung für nichtganzzahlige Parameter. Mit der Gammaverteilung kann sehr unterschiedliches Ausfallverhalten gut beschrieben werden: Die Ausfallrate der Gammaverteilung eignet sich zur Beschreibung des Ausfallverhaltens mit zunehmender, abnehmender oder konstanter Ausfallrate [13].

Die Wahrscheinlichkeitsdichte einer (dreiparametrigen) gammaverteilten Zufallsgröße lautet:

$$f(t) = \frac{p^q}{\Gamma(q)}(t - t_0)^{q-1} e^{-p(t-t_0)}, p,q > 0, t \geq 0, \qquad \text{Gl. 2.25}$$

wobei p ein Maßstabparameter, q ein Formparameter und t_0 ein Lageparameter ist.

Die Gleichungen der Ausfallwahrscheinlichkeit, Zuverlässigkeit und Ausfallrate sowie des Erwartungswerts und der Varianz sind in Tabelle 2.3 zusammengefasst.

Tabelle 2.3: Formeln der Gammaverteilung

Funktion	Formel
Ausfallwahrscheinlichkeit	$F(t) = \frac{p^q}{\Gamma(q)} \int_{t_0}^{t} u^{q-1} e^{-pu} du$
Überlebenswahrscheinlichkeit	$R(t) = 1 - \frac{p^q}{\Gamma(q)} \int_{t_0}^{t} u^{q-1} e^{-pu} du$
Ausfallrate	$\lambda = \frac{f(t)}{R(t)}$
Erwartungswert	$E(T) = t_0 + \frac{q}{p}$
Varianz	$\sigma^2 = \frac{q}{p^2}$

Exponentialverteilung

Die Exponentialverteilung $Exp(\lambda)$ ist eines der am häufigsten verwendeten Zuverlässigkeitsmodelle zur Beschreibung der Streuung von Lebensdauern [21, 28]. Die Verteilung besitzt nur einen Parameter – die Ausfallrate λ – die den Kehrwert des arithmetischen Mittelwerts darstellt. Ein wesentliches Kennzeichen der Exponentialverteilung ist die Eigenschaft der Gedächtnislosigkeit, d. h. die Ausfallwahrscheinlichkeit einer Komponente hängt nicht von der bereits verstrichenen Nutzungsdauer ab.

$$P(T > t + x | T > x) = P(T > t), x, t \geq 0 \qquad \text{Gl. 2.26}$$

Das Lebensdauermodell Exponentialverteilung ist anwendbar, wenn viele verschiedene, voneinander unabhängige Ausfallursachen zufällig auftreten, also weder Früh- noch Verschleißausfälle. Das statistische Ausfallverhalten eines Systems mit exponentialverteilter Lebensdauer bleibt mit wachsender Betriebsdauer unverändert [31]. Die Exponentialverteilung eignet sich daher zur Beschreibung von Systemen mit nur sehr geringer Alterung bzw. sehr geringem Verschleiß oder zur Beschreibung von Zufallsausfällen. Die Verteilung kann damit auch für den zweiten Bereich der Badewannenkurve (vgl. Abbildung 2.1) verwendet werden. Deshalb wird sie z. B. in der Elektronik zur Modellierung altersunabhängiger Ausfallmechanismen eingesetzt [38].

Die Wahrscheinlichkeitsdichte einer Zufallsgröße mit exponentialverteilter Lebensdauer lautet:

$$f(t) = \lambda \cdot e^{-\lambda t}, \lambda > 0, t \geq 0 \qquad \text{Gl. 2.27}$$

Die Gleichungen der Ausfallwahrscheinlichkeit, Zuverlässigkeit und Ausfallrate sowie des Erwartungswerts und der Varianz sind in Tabelle 2.4 zusammengefasst.

Tabelle 2.4: Formeln der Exponentialverteilung

Funktion	Formel
Ausfallwahrscheinlichkeit	$F(t) = 1 - e^{-\lambda t}$
Überlebenswahrscheinlichkeit	$R(t) = e^{-\lambda t}$
Ausfallrate	$\lambda = const.$
Erwartungswert	$E(T) = \frac{1}{\lambda}$
Varianz	$\sigma^2 = \frac{1}{\lambda^2}$

Weibullverteilung

Die Weibullverteilung $Wb(\alpha, \beta)$ ist benannt nach dem schwedischen Ingenieur und Mathematiker Ernst Hjalmar Waloddi Weibull (1887-1979), der sie im September 1951 veröffentlichte [39]. Aufgrund ihrer Flexibilität eignet sie sich zur Beschreibung unterschiedlicher Arten von Ausfallraten und wird deshalb sehr häufig in Zuverlässigkeitsanalysen verwendet [21]. Zu den möglichen Darstellungen gehören rechts- und linksschiefe sowie nahezu symmetrische Verteilungsformen [40]. Weibullverteilungen erfüllen nicht das Kriterium der Gedächtnislosigkeit. Deshalb ist die Weibullverteilung dazu geeignet, Früh- oder Spätausfälle von Bauteilen zu modellieren. Insbesondere im Maschinenbau wird sie zur Charakterisierung des Ausfallverhaltens von mechanischen

Komponenten eingesetzt [14]. Die Weibullverteilung mit einem Formfaktor
$\neq 1$ ist normalerweise eine bessere Darstellung für die Lebensdauer der meisten Produkte als die Exponentialverteilung [41].

Diese stetige Wahrscheinlichkeitsverteilung wird in die zwei- und die dreiparametrige Weibullverteilung untergliedert. Die dreiparametrige Verteilung besitzt neben dem Formparameter β und der charakteristischen Lebensdauer α
im Gegensatz zur zweiparametrigen Verteilung einen zusätzlichen Parameter,
die ausfallfreie Zeit t_0. Treten Ausfälle erst ab einem bestimmten Zeitpunkt t_0
auf, so wird dies mithilfe der ausfallfreien Zeit berücksichtigt. Diese bewirkt
eine Verschiebung der Verteilung längs der Zeitachse und legt somit den zeitlichen Beginn der Ausfälle fest. Die Gleichungen der zweiparametrigen Weibullverteilung leiten sich aus den Gleichungen der dreiparametrigen Variante
ab, indem $t_0 = 0$ gilt. Der Formparameter β ist ein Maß für die Streuung der
Ausfallzeiten und bestimmt die Form der Verteilungsfunktion. Für steigende
β-Werte geht die fallende Ausfallrate in eine waagerechte bzw. ansteigende
Ausfallrate über (siehe Abbildung 2.2, rechts). Der Formfaktor ist damit hilfreich, um Verschlechterungsphänomene aus Zuverlässigkeitstestdaten aufzu-
klären [42].

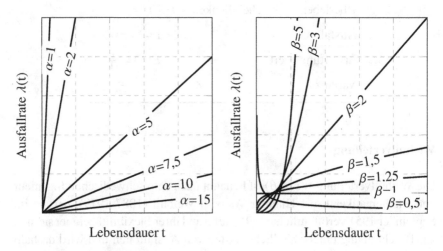

Abbildung 2.2: Weibull-Parameter

Darüber hinaus ermöglicht der Formfaktor eine Zuordnung des Verlaufs der
Verteilung zu den Bereichen der Badewannenkurve aus Abbildung 2.1.

$\beta < 1$: Abnehmende Ausfallrate mit zunehmender Lebensdauer (Frühausfälle);

$\beta = 1$: Konstante Ausfallrate (Zufallsausfälle);

$\beta > 1$: Steigende Ausfallrate mit zunehmender Lebensdauer (Verschleiß- und Ermüdungsausfälle).

Die charakteristische Lebensdauer α ist ein Lageparameter, der die Lage der Verteilung bezüglich der Zeitachse bestimmt. Zu diesem Zeitpunkt beträgt die Ausfallwahrscheinlichkeit 63,2 %. Eine Vergrößerung bzw. Verkleinerung von α hat eine Streckung bzw. Stauchung der Zeitachse für die Dichtefunktion zur Folge. Für die Ausfallrate sinkt die Steigung der Kurve mit zunehmendem α (siehe Abbildung 2.2, links).

Die Wahrscheinlichkeitsdichte einer dreiparametrigen, weibullverteilten Zufallsgröße lautet:

$$f(t) = \frac{\beta}{\alpha - t_0} \cdot \left(\frac{t - t_0}{\alpha - t_0} \right)^{\beta-1} e^{-\left(\frac{t-t_0}{\alpha-t_0} \right)^{\beta}}, 0 \leq t_0 \leq t, t_0 \leq \alpha, 0 < \beta \qquad \text{Gl. 2.28}$$

Die Gleichungen der Ausfallwahrscheinlichkeit, Zuverlässigkeit und Ausfallrate sowie des Erwartungswerts und der Varianz sind in Tabelle 2.5 zusammengefasst.

2.5 Likelihood

Sei $X = x$ die beobachtete Realisation einer Zufallsvariablen bzw. eines Zufallsvektors X mit Wahrscheinlichkeits- bzw. Dichtefunktion $f(x; \theta)$. Die Funktion $f(x; \theta)$ sei bekannt bis auf die Werte der unbekannten Parameter $\theta \in \Theta$ (die auch vektorwertig sein können). Hierbei ist Θ der Parameterraum. Der Raum T aller möglichen Ausprägungen von X heißt Stichprobenraum.

Tabelle 2.5: Formeln der Weibullverteilung

Funktion	Formel
Ausfallwahrscheinlichkeit	$F(t) = 1 - e^{-\left(\frac{t-t_0}{\alpha-t_0}\right)^{\beta}}$
Überlebenswahrscheinlichkeit	$R(t) = e^{-\left(\frac{t-t_0}{\alpha-t_0}\right)^{\beta}}$
Ausfallrate	$\lambda = \frac{\beta}{\alpha-t_0} \cdot \left(\frac{t-t_0}{\alpha-t_0}\right)^{\beta-1}$
Erwartungswert	$E(T) = (\alpha - t_0) \cdot \Gamma\left(1 + \frac{1}{\beta}\right) + t_0$
Varianz	$\sigma^2 = (\alpha - t_0)(\Gamma\left(1 + \frac{2}{\beta}\right) - \Gamma^2\left(1 + \frac{1}{\beta}\right)$

Ziel ist es, nach Beobachtung von $X = x$ Aussagen über θ zu machen. Die zentrale Größe hierzu ist die Likelihood-Funktion (kurz Likelihood[2])

$$L(\theta) = f(x; \theta), \theta \in \Theta,$$
Gl. 2.29

betrachtet als eine Funktion von θ für festes x.

Definition: Likelihood-Funktion
Unter der Annahme eines statistischen Modells, parametrisiert durch einen festen unbekannten Parameter(-vektor) θ, bezeichnet die Wahrscheinlichkeit der beobachteten Daten x als Funktion von θ die Likelihood-Funktion oder nur Likelihood.

Plausible Werte von θ sollten eine relativ hohe Likelihood haben. Der plausibelste Wert ist somit der Wert mit der höchsten Likelihood, der Maximum-Likelihood-Schätzer.

---

[2]Der Begriff Likelihood stammt aus dem Englischen und kann mit „Plausibilität" übersetzt werden.

Definition: Maximum-Likelihood-Schätzer
Der Maximum-Likelihood-Schätzer (ML-Schätzer) $\hat{\theta}_{ML}$ eines Parameters θ
ergibt sich durch Maximierung der Likelihood-Funktion:

$$\hat{\theta}_{ML} = \arg\max_{\theta \in \Theta} L(\theta) \qquad \text{Gl. 2.30}$$

Aufgrund der Monotonie der Logarithmusfunktion kann der ML-Schätzer genauso durch Maximierung der Log-Likelihood-Funktion

$$l(\theta) = \log L(\theta) \qquad \text{Gl. 2.31}$$

bestimmt werden, d. h. es gilt ebenso

$$\hat{\theta}_{ML} = \arg\max_{\theta \in \Theta} l(\theta) \qquad \text{Gl. 2.32}$$

Die Maximierung der Log-Likelihood-Funktion ist in vielen Fällen einfacher zu berechnen: Multiplikative Konstanten in $L(\theta)$ werden zu additiven Konstanten in $l(\theta)$; auch diese werden weggelassen, wenn sie nicht von θ abhängen. Die Log-Likelihood-Funktion $l(\theta)$ hat aber eine weitaus größere Bedeutung, als dass sie nur die Berechnung des ML-Schätzers vereinfacht. Besonders wichtig sind die erste und zweite Ableitung der Log-Likelihood-Funktion; diese haben sogar eigene Bezeichnungen und werden im Folgenden eingeführt. Der Einfachheit halber wird angenommen, dass θ skalar ist.

Definition: Score-Funktion
Die erste Ableitung der Log-Likelihood-Funktion

$$S(\theta) = \frac{dl(\theta)}{d\theta} \qquad \text{Gl. 2.33}$$

heißt Score-Funktion.

Definition: Fisher-Information
Die negative zweite Ableitung der Log-Likelihood-Funktion

$$I(\theta) = -\frac{d^2 l(\theta)}{d\theta^2} = -\frac{dS(\theta)}{d\theta} \qquad \text{Gl. 2.34}$$

wird als Fisher-Information bezeichnet. Wird die Fisher-Information am Maximum $\hat{\theta}_{ML}$ ausgewertet, so ist $I(\hat{\theta}_{ML})$ die beobachtete Fisher-Information.

Häufig wird nicht nur eine Beobachtung x aus einer bestimmten Verteilung $f(x; \theta)$ gemacht, sondern viele, von denen üblicherweise angenommen wird, dass sie unabhängig voneinander sind. Dies führt zum Begriff der Zufallsstichprobe.

Definition: Zufallsstichprobe
Daten $x_1, \ldots, x_n$ sind die Realisationen einer Zufallsstichprobe („random sample") $X_1, \ldots, X_n$, wenn die Zufallsvariablen $X_1, \ldots, X_n$ unabhängig und identisch verteilt sind. Die Anzahl n der Zufallsvariablen ist der Stichprobenumfang. Die Verteilung $f(x; \theta)$ der X_i hängt dabei von einem unbekannten Parameter $\theta \in \Theta$ ab, der allgemein auch ein Vektor $\theta \in \Theta$ sein kann. Die Menge Θ aller möglichen Werte von θ heißt Parameterraum.
Ist $x = (x_1, \ldots, x_n)$ die Realisierung einer Zufallsstichprobe $X = (X_1, \ldots, X_n)$ mit

$$X_i \sim f(x_i; \theta), \qquad \text{Gl. 2.35}$$

so ist, aufgrund der Unabhängigkeit und identischen Verteilung der X_i, die Likelihood-Funktion das Produkt der individuellen Likelihood-Beiträge:

$$L(\theta) = f(x; \theta) = \prod_{i=1}^{n} f(x_i; \theta) \qquad \text{Gl. 2.36}$$

Die Log-Likelihood ist somit die Summe der einzelnen Log-Likelihood-Beiträge:

$$l(\theta) = f(x; \theta) = \sum_{i=1}^{n} f(x_i; \theta) \qquad \text{Gl. 2.37}$$

2.6 Bayes'sche Statistik

In der schließenden Statistik gibt es zwei grundlegend verschiedene Ansätze zur Schätzung von Zuverlässigkeitskennwerten: den frequentistischen und den Bayes'schen Ansatz.

- Für Frequentisten stehen Wahrscheinlichkeiten im Wesentlichen im Zusammenhang mit Häufigkeit von Ereignissen (klassische Statistik).

- Für Bayesianer sind Wahrscheinlichkeiten grundlegend mit dem eigenen Wissen über ein Ereignis verbunden.

Gegeben sei eine Stichprobe aus einer Grundgesamtheit mit einer bekannten Verteilung und einem unbekannten Parameter. Der Frequentist sieht diesen Parameter als eine feste, unbekannte Größe ohne Wahrscheinlichkeitsverteilung an, deren wahrer Wert durch Anwendung der klassischen Analyseverfahren der Inferenz-Statistik geschätzt wird [43].

Im Bayes'schen Ansatz (Thomas Bayes, 1702-1761) wird der unbekannten Parameter als Zufallsvariable mit einer Wahrscheinlichkeitsverteilung betrachtet [43, 44]. Für Bayesianer sind Wahrscheinlichkeiten grundlegend mit dem (persönlichen) Wissen über ein Ereignis verbunden. Die Verknüpfung dieses Wissens über das Verhalten einer Zufallsgröße (in Form einer Priori-Verteilung) mit zusätzlichen, aus Versuchsergebnissen gewonnenen Erkenntnissen, liefert eine verbesserte Information über die Zufallsgröße (Posteriori-Verteilung).

2.6.1 Ereignisse und Wahrscheinlichkeiten

Ereignisse werden mit $A, B, C, \ldots$ gekennzeichnet; das Gegenteil eines Ereignisses A heißt $\bar{A}$; das Ereignis „A und B" wird mit $A \cap B$ bezeichnet, das Ereignis „A oder B" mit $A \cup B$ und die „Wahrscheinlichkeit für ein Ereignis A" mit $P(A)$. Im Jahr 1933 hat Andrei Kolmogorow die Wahrscheinlichkeitsrechnung auf den folgenden drei Regeln (Axiome) gegründet [45]:

1. Für jedes Ereignis $A \in \Omega$ ist die Wahrscheinlichkeit von A eine reelle Zahl zwischen 0 und 1 (Nichtnegativität):

$$0 \leq P(A) \leq 1 \qquad \text{Gl. 2.38}$$

2. Die Wahrscheinlichkeit des sicheren (in jedem Fall eintretenden) Ereignisses ist gleich 1 (Normiertheit):

$$P(\Omega) = 1 \qquad \text{Gl. 2.39}$$

3. Die Wahrscheinlichkeit einer Vereinigung von abzählbar vielen inkompatiblen Ereignissen ist gleich die Summe der Wahrscheinlichkeiten der einzelnen Ereignisse. Dabei heißen Ereignisse A_i inkompatibel, wenn sie paarweise disjunkt sind, also bei $A_i \cap A_j = \emptyset$ für alle $i \neq j$. Es gilt daher (Additivität):

$$P(A_1 \cup A_2 \cup \cdots) = \sum P(A_i) \qquad \text{Gl. 2.40}$$

Damit lassen sich die folgenden Rechenregeln für Wahrscheinlichkeiten aus dem kolmogorowschen Axiomensystem herleiten [46, 47]:

1. Die Wahrscheinlichkeit des unmöglichen Ereignisses $\emptyset$ beträgt 0 (Wahrscheinlichkeit des unmöglichen Ereignisses):

$$P(\emptyset) = 0 \qquad \text{Gl. 2.41}$$

2. Die Wahrscheinlichkeit des sicheren Ereignisses beträgt 1 (Wahrscheinlichkeit des sicheren Ereignisses):

$$P(\Omega) = 1 \qquad \text{Gl. 2.42}$$

3. Die Wahrscheinlichkeit eines Ereignisses ist gleich der Summe der Wahrscheinlichkeiten all seiner atomaren Ereignisse (Wahrscheinlichkeit eines Ereignisses):

$$P(A) = \sum P(e_i) \qquad \text{Gl. 2.43}$$

4. Die Summe der Wahrscheinlichkeit eines Ereignisses A und der ihres Gegenereignisses $\bar{A}$ beträgt stets 1 (Wahrscheinlichkeit des Gegenereignisses):

$$P(\bar{A}) = 1 - P(A) \qquad \text{Gl. 2.44}$$

5. Um die Wahrscheinlichkeit zu berechnen, dass A oder B eintritt, wird die Wahrscheinlichkeit von A und die von B addiert und von dieser Summe die Wahrscheinlichkeit dafür, dass sowohl A als auch B eintritt, subtrahiert (Additionssatz für zwei Ereignisse):

$$P(A \cup B) = P(A) + P(B) - P(A \cap B) \qquad \text{Gl. 2.45}$$

6. Schließen A und B einander aus, dann gilt:

$$P(A \cap B) = 0 \qquad \text{Gl. 2.46}$$

7. Sind A und B voneinander unabhängig, dann gilt:

$$P(A \cap B) = P(A)P(B) \qquad \text{Gl. 2.47}$$

Gibt es keinen Grund, A für wahrscheinlicher oder unwahrscheinlicher zu halten als B, dann gilt: $P(A) = P(B)$. Dieser Grundsatz heißt Indifferenzprinzip. Wahrscheinlichkeiten werden damit Ausdruck des Wissens: Bei keinerlei Vorwissen über einen Würfel, wird jeder Augenzahl die gleiche Wahrscheinlichkeit zugeschrieben; ist hingegen bekannt, dass der Würfel auf die Drei häufiger fällt als auf andere Zahlen, so sind die Ereignisse nicht mehr gleich wahrscheinlich. Je nach Wissen ergeben sich somit für ein- und dasselbe Ereignis verschiedene Wahrscheinlichkeiten.

8. Kann eine Situation in endlich viele einander ausschließende, gleich wahrscheinliche Fälle zerlegt werden, dann gilt für ein Ereignis A in dieser Situation:

$$P(A) = \frac{\text{Anzahl der für A günstigen Fälle}}{\text{Anzahl der möglichen Fälle}} \qquad \text{Gl. 2.48}$$

Dabei ist ein für A günstiger Fall ein Fall, aus dem A folgt (vgl. [13]).

2.6.2 Satz von Bayes

Die bedingte Wahrscheinlichkeit $P(A|B)$ ist die Wahrscheinlichkeit des Eintretens eines Ereignisses A unter der Bedingung, dass das Eintreten eines anderen Ereignisses B bereits bekannt ist:

$$P(A|B) = \frac{P(A \cap B)}{P(B)} \qquad \text{Gl. 2.49}$$

Durch Umstellen von Gleichung 2.49 ergibt sich der Multiplikationssatz für Wahrscheinlichkeiten:

$$P(A \cap B) = P(A|B)P(B) \qquad \text{Gl. 2.50}$$

Werden A und B vertauscht, lautet der Multiplikationssatz:

$$P(B \cap A) = P(B|A)P(A) \qquad \text{Gl. 2.51}$$

Da $AB = BA$ ist, ergeben die beiden Versionen den Satz von Bayes (1750):

$$P(A|B) = \frac{P(B|A)P(A)}{P(B)} \qquad \text{Gl. 2.52}$$

Die totale Wahrscheinlichkeit für ein Ereignis A unter einer Reihe von (endlich oder unendlich vielen) Bedingungen $B_1, B_2, \ldots$, die einander ausschließen und von denen eine eintreten muss, ist gegeben durch die (endliche oder unendliche) Summe

$$P(A) = \sum_i P(A|B_i)P(B_i) \qquad \text{Gl. 2.53}$$

Bayes traf mit seiner Formel eine bedeutende Aussage über die Bewertung von Hintergrundinformationen. Zum Ausdruck kommt, dass erworbenes Wissen Einfluss nehmen sollte auf die (persönliche) Einschätzung von Situationen. Es handelt sich nicht nur um eine mathematische Formel; vielmehr wird eine

Aussage getroffen, die viele (natur-)wissenschaftliche oder ganz alltägliche, lebenspraktische Bereiche berührt.

In der Form von Gleichung 2.53 entzieht sich die Bayes-Formel jedoch der Anwendbarkeit für wissenschaftliche Zwecke. Damit auch mit stetigen Zufallsvariablen gearbeitet werden kann, muss die Aussage in einem allgemeinerem Bayes-Theorem untergebracht werden.

Definition: Satz von Bayes für Dichten
Sei der Parametervektor θ Element des endlich-dimensionalen Vektorraums Θ (genannt Parameterraum), so ist die Dichte von θ unter der Bedingung der Beobachtung $X = x$ (Posteriori-Dichte) durch den Satz von Bayes in der Form

$$f(\theta|x) = \frac{f(x|\theta)f(\theta)}{\int_{-\infty}^{\infty} f(x|\theta)f(\theta)d\theta} \qquad \text{Gl. 2.54}$$

gegeben [48–50]. Dabei sind $f(\theta)$ die Priori-Dichte des Parameters θ und $f(x|\theta)$ die bedingte Dichtefunktion der Zufallsvariablen (Likelihood). Der Nenner in Gleichung 2.54 lässt sich zu $\int f(x|\theta)f(\theta)d\theta = \int f(x,\theta)d\theta = f(x)$ umschreiben und heißt Randwahrscheinlichkeit (engl. Marginal Likelihood), da er nicht vom Argument θ abhängt. Daher ist die Posteriori-Verteilung proportional zum Produkt von Likelihood und Priori-Verteilung, mit der Proportionalitätskonstanten $1/f(x)$, die $\int f(\theta|x)d\theta = 1$ sicherstellt [51]:

$$f(\theta|x) \propto f(x|\theta)f(\theta) \qquad \text{Gl. 2.55}$$

2.6.3 Bayes-Schätzungen

Der erste fundamentale Schluss aus der Beobachtung einer Stichprobe besteht innerhalb der Bayes-Inferenz aus der Angabe der Posteriori-Verteilung, genauer: aus dem Übergang von der Priori- auf die Posteriori-Verteilung. Darüber hinaus sind aber auch Schätzungen und Tests, quasi als nachgeordnete zweite Schlüsse, in der Bayes-Inferenz ebenso üblich und verbreitet wie in der klassischen Inferenz und der Likelihood-Theorie. Die Schlüsse aus der Beobachtung dürfen sich innerhalb der Bayes-Inferenz nur auf die Posteriori-Verteilung

stützen. Sie werden ganz ähnlich konstruiert wie die Schätzungen und Tests innerhalb der Likelihood-Inferenz, wobei an die Stelle der Likelihood-Funktion
die Posteriori-Verteilung tritt. Die entsprechenden Konstruktionsmethoden ergeben sich unmittelbar aus den Bayes-Postulaten. Zu ihrer Festlegung bedarf
es keiner zusätzlichen Gütekriterien.

Definition: Punktschätzer der Bayes-Inferenz
Der Posteriori-Erwartungswert $E(\theta|x)$ ist der Erwartungswert der Posteriori-
verteilung $f(\theta|x)$:

$$E(\theta|x) = \int \theta f(\theta|x) d\theta \qquad \text{Gl. 2.56}$$

Dies setzt voraus, dass der Erwartungswert auch tatsächlich existiert. Dann ist
der Posteriori-Erwartungswert eindeutig.

Intervallschätzungen werden ebenfalls über die Posteriori-Verteilung konstruiert. Da solche Intervalle anders als Konfidenzintervalle der klassischen
Statistik zu interpretieren sind, heißen diese Kredibilitätsintervalle.

Definition: Kredibilitätsintervall
Zu gegebenen $\alpha \in (0,1)$ ist ein $100(1 - \alpha)\%$-Kredibilitätsintervall definiert
durch zwei reelle Zahlen t_u und t_o, für die

$$P(t_u \leq \theta \leq t_o|x) = 1 - \alpha$$
$$\int_{t_u}^{t_o} f(\theta|x) d\theta = 1 - \alpha \qquad \text{Gl. 2.57}$$

gilt. $1 - \alpha$ bezeichnet das Kredibilitätsniveau oder auch den Glaubwürdigkeits-
grad des Kredibilitätsintervalls [51]. Im Gegensatz zum Konfidenzintervall
ist das Kredibilitätsintervall direkt zu interpretieren: Das Kredibilitätsintervall
repräsentiert die Wahrscheinlichkeit dafür, dass der gesuchte Parameter zwischen den Werten t_u und t_o liegt. Das Konfidenzintervall besagt, dass bei n-
facher Wiederholung des Zufallsexperimentes der Parameter in $100(1 - \alpha)\%$
der Fälle im Intervall liegt [43].

2.6.4 Die Priori-Verteilung

Definition: Priori-Verteilung/-Dichte
Eine diskrete oder absolut stetige Dichtefunktion f_T auf dem Parameterraum Θ heißt Priori-Dichte und die zugehörige Wahrscheinlichkeitsverteilung p_T Priori-Verteilung [51]. Die Priori-Verteilung eines Parameters Θ, ausgedrückt durch die Priori-Dichte $\pi(\theta)$, enthält das Wissen über die Stichprobe vor ihrer Auswertung. Ist nichts über die Stichprobe bekannt, wird jedem möglichen Wert von Θ die gleiche Plausibilität eingeräumt, also die gleiche Dichte zugesprochen, und es ergibt sich eine uniforme Priori-Verteilung.

Wahl der Priori-Verteilung

Bei den Bayes'schen Herleitungen für Parameterschätzungen wird davon ausgegangen, dass eine Vorbewertung des Problems in Form einer Priori-Verteilung gegeben ist. Diese kann entweder durch vorhergehende Untersuchungen bekannt sein oder die subjektive Bewertung der Fragestellung widerspiegeln.

Im Falle der teilweisen Kenntnis der Priori-Verteilung werden vorrangig Priori-Verteilungen aus konjugierten Familien gewählt, weil diese eine einfache Bestimmung der Posteriori-Verteilung oder direkt der Bayes-Schätzer ermöglichen. Lässt sich aufgrund zu geringer oder gar keiner Vorkenntnis der Situation keine komplette Priori-Verteilung festlegen, können nichtinformative Priori-Verteilungen gewählt werden, um keine Information einzubringen.

Zu beachten ist in jedem Fall, dass die Wahl der Priori-Verteilung sinnvoll begründet wird, da diese die auf der Posteriori-Verteilung basierenden Aussagen stark beeinflussen kann. Die willkürliche Wahl der Priori-Verteilung und ihr großer Einfluss auf die Inferenz ist auch der Hauptkritikpunkt der Bayes-Statistik. Um den Einfluss der Priori-Verteilung im Falle einer falschen Spezifikation zu verringern, sind Methoden entwickelt worden, die die Priori-Verteilung so zu wählen, dass sich gegen Fehlspezifikationen robuste Posteriori-Verteilungen ergeben.

Konjugierte Priori-Verteilungen

Der Ausdruck von Vorwissen über Θ durch eine Priori-Dichte kann zur Folge haben, dass die resultierende Posteriori-Dichte mathematisch schwer handhabbar wird. Die Berechnungen werden einfacher, wenn die Priori-Verteilung in passender Beziehung zur Stichprobe und damit zur Likelihood steht: Sind die Stichprobendaten normalverteilt, ist es günstig, wenn auch die Priori-Verteilung normal ist, da somit auch die Posteriori-Verteilung eine Normalverteilung ist; aus binomialverteilten Stichprobendaten und einer beta-verteilten Priori-Verteilung folgt eine Betaverteilung der Posteriori-Verteilung. Hierbei handelt es sich um konjugierte Verteilungen. Sind Priori-Verteilung und Likelihood nicht konjugiert, lassen sich die entstehenden Posteriori-Verteilungen oft nur mit numerischen Verfahren auswerten.

Definition: Konjugierte Priori-Verteilung
Sei $L(\theta) = f(x|\theta)$ eine Likelihood-Funktion basierend auf Beobachtungen $X = x$. Eine Klasse G von Priori-Verteilungen heißt konjugiert bezüglich $L(\theta)$, falls $f(x|\theta) \in G$ für alle Priori-Verteilungen $\pi(\theta) \in G$ gilt [51].

Allerdings gibt es nicht für alle Parameter konjugierte Dichten – so existiert beispielsweise für die Parameter der Weibullverteilung $Wb(\alpha,\beta)$ keine gemeinsame konjugierte Priori-Dichtefunktion [52].

Nicht-informative Dichten

Bei unzureichendem Vorwissen ist es wünschenswert, so wenig wie möglich Information in der Priori-Dichte unterzubringen. Man spricht von nichtinformativen Dichten. Allgemein gesagt, müssen nichtinformative Verteilungen invariant gegenüber streng monotonen Transformationen des Parameters sein. 1946 fand der englische Mathematiker und Physiker Harold Jeffreys Verteilungen mit dieser Eigenschaft [53]; sie heißen heute Jeffreys Priori.

Definition: Jeffreys Priori
Sei X eine Zufallsvariable mit Dichtefunktion $f(\theta|x)$ und θ der unbekannte skalare Parameter. Jeffreys Priori ist wie folgt definiert:

$$\pi(\theta) \propto \sqrt{|I(\theta)|}, \qquad\qquad \text{Gl. 2.58}$$

wobei $I(\theta)$ die erwartete Fisher-Information (Gleichung 2.34) von θ ist [51]. Jeffreys Priori ist proportional zur Wurzel aus der erwarteten Fisher-Information, was möglicherweise zu einer uneigentlichen Priori-Verteilung führt.

Im mehrdimensionalen Fall, d. h. $\theta \in \mathbb{R}^k$, ist die Fisher-Information eine Matrix mit den Einträgen:

$$|I_{ij}(\theta)| = -E \left| \frac{\partial^2 l(\theta)}{\partial \theta_i^2} \right|, \qquad \text{Gl. 2.59}$$

wobei $l(\theta)$ die Log-Likelihood-Funktion des skalaren Parameters θ ist.

2.7 Markov-Ketten-Monte-Carlo

Die Posteriori-Verteilung ist eine der wichtigsten Größen in der Bayes'schen Inferenz. Sie ist eine aktualisierte Version des Standes der Priori-Verteilung eines Parameters θ angesichts der Daten. Sie kann unter Verwendung von Gleichung 2.54 bestimmt werden, vorausgesetzt, die Likelihood $f(x|\theta)$ und die Priori-Verteilung $f(\theta)$ sind bekannt. Die Posteriori-Verteilung ermöglicht Schlussfolgerungen über das Modell und seinen Modellparameter θ. Die Posteriori-Verteilung kann beispielsweise verwendet werden, um einige Punktschätzer für θ zu berechnen, wie zum Beispiel der Posteriori-Erwartungswert (vgl. Gleichung 2.56).

In einfachen Modellen können Integrationsprobleme manchmal durch die Auswahl bestimmter Prioris vermieden werden. Wenn die Priori-Verteilung und die Likelihood natürlich konjugierte Verteilungen sind, gehört die Posteriori-Verteilung ebenfalls der gleichen Familie wie die Priori-Verteilung an, und die Integrale sind berechenbar. Bei komplexeren Modellen (z. B. mehrdimensionales θ) ist die Berechnung von Integralen oft schwierig und manchmal unmöglich – sowohl analytisch als auch numerisch [54, 55]. Daher werden andere Methoden benötigt, um mehrdimensionale Integrale zu berechnen.

Mithilfe des Markov-Ketten-Monte-Carlo-Verfahrens (engl. Markov Chain Monte Carlo, MCMC) können gute Approximationen der Posteriori-Verteilung erhalten werden. Das Verfahren lässt sich wie folgt beschreiben: Sei θ der unbekannte Parametervektor in einem Bayes'schen Modell und $f(\theta|y)$ die Dichte die Posteriori-Verteilung. Statt aus der Dichte $f(\theta|y)$ eine unabhängige Stichprobe zu ziehen, wird eine geeignete Markov-Kette erzeugt, deren

Realisierungen mit Übergangsmatrix P gegen die interessierende Posteriori-Verteilung konvergieren. Das Ergebnis kann als eine (abhängige) Stichprobe aus der Posteriori-Verteilung angesehen werden [55].

2.7.1 Monte-Carlo-Methode

Für die Analyse der Eigenschaften von komplizierten Wahrscheinlichkeitsverteilungen werden häufig Simulationsmethoden angewendet. Ist eine Verteilung analytisch nicht oder nur schwer zu handhaben, werden Monte-Carlo-Verfahren verwendet, um diese anzunähern [56]. Die Monte-Carlo-Integration kann beispielsweise verwendet werden, um Gleichungen wie Gleichung 2.56 anzunähern.

Diese Gleichung kann als eine Funktion von g umgeschrieben werden:

$$E(g(\theta)|x) = \int g(\theta)f(\theta|x)d\theta \qquad \text{Gl. 2.60}$$

Für geeignete Werte $\theta^{(m)}$ kann Gleichung 2.60 mit

$$\hat{E}(g(\theta)|x) = \frac{1}{M} \sum_{m=1}^{M} g(\theta^{(m)}) \qquad \text{Gl. 2.61}$$

approximiert werden [57]. Grundlage ist das starke Gesetz der großen Zahlen, das besagt, dass für eine Menge von unabhängigen und identisch verteilten Zufallsvariablen (engl. independent identically distributed, iid) $\theta^{(1)},...,\theta^{(M)}$ mit Dichtefunktion $f(\theta)$ für $M \to \infty$ Gleichung 2.61 gegen Gleichung 2.60 konvergiert. Voraussetzung für die Verwendung solcher Monte-Carlo-Verfahren ist die Möglichkeit, Zufallsvariablen aus der Verteilung f zu simulieren. Bei vielen Problemen mit komplexen multivariaten Verteilungen ist allerdings die Erzeugung entsprechender Zufallsvariablen nicht möglich.

2.7.2 Markov-Kette

Ein zeit-diskreter stochastischer Prozess $(Y_n)_{n \in \mathbb{N}_0}$ mit abzählbarem Zustandsraum S heißt (allgemeine) Markov-Kette, wenn für alle Zeitpunkte $n \in \mathbb{N}_0$ und beliebige $y \in S$ bzw. $A_0, A_1, ..., A_{n-2}, A \subset S$ die folgende Eigenschaft erfüllt ist (Markov-Eigenschaft) [58]:

$$P(Y_n \in A|Y_0 \in A_0, Y_1 \in A_1, ..., Y_{n-2} \in A_{n-2}, Y_{n-1} = x)$$
$$= P(Y_n \in A|Y_{n-1} = x) \qquad \text{Gl. 2.62}$$

Sind die Übergangswahrscheinlichkeiten $P(Y^{(n)} \in A|Y^{(n-1)} = x)$ unabhängig vom Zeitpunkt n des Übergangs, ist die Markov-Kette homogen [54, 58]. Ist Y eine homogene Markov-Kette, so ist

$$P(x,A) = P(Y^{(n)} \in A|Y^{(n-1)} = x) = P(Y^{(1)} \in A|Y^{(0)} = x) \qquad \text{Gl. 2.63}$$

ihr Übergangskern.

Eine Markov-Kette heißt irreduzibel, falls für alle $j,k \in S$ eine positive Zahl $1 \le n < \infty$ existiert, sodass

$$P(Y^{(n)} = k|Y^{(0)} = j) > j, \qquad \text{Gl. 2.64}$$

d. h. Zustand k ist von Zustand j in einer endlichen Zahl von Schritten erreichbar.

Die Periode eines Zustands k ist der größte gemeinsame Teiler der Zeitpunkte n, zu denen eine Rückkehr möglich ist:

$$d(k) = GGT\left(t \ge 1 : P(Y^{(n)} = k|Y^{(0)} = k) > 0\right) \qquad \text{Gl. 2.65}$$

Falls alle Zustände einer Markov-Kette die Periode 1 haben, nennt man diese aperiodisch.

Die Verteilung f heißt stationär, falls $f = fP$ für $f = (f(x_1), f(x_2), ...)$ gilt. Dies bedeutet, dass die Verteilung von Y_n gleich f ist für alle n, falls die Markov-Kette mit Anfangsverteilung f startet [54].

Eine Markov-Kette heißt ergodisch, wenn die Zustandsverteilung $f^{(n)}$ von $Y^{(n)}$ für jede beliebige $f^{(0)}$ gegen dieselbe Wahrscheinlichkeitsverteilung f konvergiert:

$$\lim_{n \to \infty} f^{(n)} = \lim_{n \to \infty} f^{(0)} P^{(n)} = f \qquad \text{Gl. 2.66}$$

Mit der Übergangsmatrix P einer irreduziblen, aperiodischen Markov-Kette, deren stationäre Verteilung f ist, können Zufallszahlen $Y \sim f$ folgendermaßen erzeugt werden:

- Wahl eines beliebigen Startwertes $y^{(0)}$

- Simulation der Realisierungen einer Markov-Kette der Länge M mit Übergangsmatrix P, d. h. $(y^{(1)},...,y^{(M)})$

Ab einem gewissen Index t geht der Einfluss der Startverteilung verloren und daher gilt approximativ

$$y^{(m)} \sim f, \text{ für } m = t,...,M \qquad \text{Gl. 2.67}$$

Diese Ziehungen sind identisch, aber nicht unabhängig verteilt. $(y^{(1)},...,y^{(t)})$ ist der sogenannte Burn-In.

2.7.3 MCMC-Methoden

Metropolis-Hastings-Algorithmus

Der Basis-Algorithmus, von dem alle weiteren Algorithmen abgeleitet worden sind [55, 59], ist wie folgt konstruiert: Zunächst wird ein Startwert $\theta^{(0)}$ festgelegt. In jeder Iteration des Algorithmus wird eine neue Zufallszahl θ^* aus einer sogenannten Vorschlagsdichte q gezogen, die in der Regel vom aktuellen Zustand $\theta^{(t-1)}$ abhängt, d.h. $q = q(\theta^*|\theta^{(t-1)})$. Bei der Vorschlagsdichte sollte es sich um eine Verteilung handeln, aus der relativ leicht Zufallszahlen gezogen werden können. Da die Vorschlagsdichte nicht mit der Posteriori-Verteilung übereinstimmt, wird die gezogene Zufallszahl θ^* nur mit der Wahrscheinlich-keit

$$\alpha\left(\theta^*|\theta^{(t-1)}\right) = \alpha\left(\theta^{(t-1)},\theta^*\right) = min\left(1,\frac{p\left(\theta^*|y\right)q\left(\theta^{(t-1)}|\theta^*\right)}{p\left(\theta^{(t-1)}|y\right)q\left(\theta^*|\theta^{(t-1)}\right)}\right) \qquad \text{Gl. 2.68}$$

akzeptiert. Dabei handelt es sich im Wesentlichen um den Quotienten der Pos-teriori-Dichte und der Vorschlagsdichte, ausgewertet am aktuellen Zustand $\theta^{(t-1)}$ und dem vorgeschlagenen Wert θ^*. Wird der vorgeschlagene Parame-tervektor θ^* nicht akzeptiert, folgt $\theta^{(t)} = \theta^{(t-1)}$. Die Dichte $p(\theta|y)$ geht in $\alpha(\theta^*|\theta^{(t-1)})$ lediglich im Verhältnis $p(\theta^*|y)/p(\theta^{(t-1)}|y)$ ein, so dass alle kon-stanten Ausdrücke in $p(\theta|y)$ nicht berücksichtigt werden müssen. Insbesondere bedeutet dies, dass die Normierungskonstante der Posteriori-Verteilung nicht bekannt sein muss. Dies ist einer der großen Vorteile von MCMC-Methoden im Vergleich zu herkömmlichen Verfahren zur Zufallszahlenziehung.

Die Herausforderung bei der Verwendung des Metropolis-Hastings-Algorith-mus (kurz MH-Algorithmus) besteht in der Wahl einer geeigneten Vorschlags-dichte. Diese muss garantieren, dass die Akzeptanzwahrscheinlichkeiten groß genug sind und die hintereinander gezogenen Zufallszahlen eine möglichst ge-ringe Abhängigkeit aufweisen. Je geringer die Abhängigkeit, desto geringer ist der erforderliche Stichprobenumfang an Zufallszahlen zur Schätzung von Charakteristika der Posteriori-Verteilung.

Gibbs-Sampler

In vielen praktischen Anwendungen ist der Parametervektor hochdimensional (1000 und mehr Parameter). In diesen Fällen sind die Akzeptanzraten auch bei sorgfältig konstruierten MH-Algorithmen zu klein, weil gleichzeitig eine hochdimensionale Zufallszahl akzeptiert oder verworfen werden muss. Hier schaffen auf dem MH-Algorithmus aufbauende sogenannte Hybrid-Algorith-men Abhilfe. Der hochdimensionale Parametervektor θ wird zunächst in klei-nere Blöcke $\theta_1, \theta_2, \ldots, \theta_s$ zerlegt. Anschließend werden separate MH-Schritte für die entstandenen Teilvektoren konstruiert.

Den einfachsten Spezialfall dieser Strategie stellt der sogenannte Gibbs-Sampler dar. In jeder Iteration des Samplers werden Zufallszahlen aus den vollständig bedingten Dichten

$$p(\theta_i|\theta_1,...,\theta_{i-1},\theta_{i+1},\theta_s,y) = p(\theta_i|\theta_{-i},y) \qquad \text{Gl. 2.69}$$

gezogen und mit Wahrscheinlichkeit Eins als aktueller Zustand der Markov-Kette akzeptiert:

$$\alpha\left(\theta_i^*|\theta^{(t-1)}\right) = min\left(1,\frac{p\left(\theta_i^*|\theta_{-i}^{(t-1)},y\right)p\left(\theta_i^{(t-1)}|\theta_{-i}^{(t-1)},y\right)}{p\left(\theta_i^{(t-1)}|\theta_{-i}^{(t-1)},y\right)p\left(\theta_i^*|\theta_{-i}^{(t-1)},y\right)}\right) = 1 \qquad \text{Gl. 2.70}$$

Nach einer gewissen Konvergenzzeit können die gezogenen Zufallszahlen als Realisationen aus den Marginalverteilungen $f(\theta_1|y), f(\theta_2|y), ..., f(\theta_s|y)$ angesehen werden.

3 Analyse der Ausfallratenberechnung

Der Fokus dieser Arbeit liegt auf der Analyse und Ermittlung von geeigneten Methoden zur Berechnung von realistischen Ausfallraten elektronischer Steuergeräte am Beispiel des Lenkungssteuergeräts. Dieses Vorhaben erfordert einerseits detaillierte Kenntnisse darüber, wie Ausfallraten aktuell berechnet (oder eher geschätzt) werden. Andererseits bedarf es der Identifizierung von Einflussgrößen und der Analyse ihrer quantitativen Werte. Die systematische Vorgehensweise zur Entwicklung alternativer Lösungen setzt sich aus den folgenden drei Schritten zusammen:

Situationsanalyse: Bestandsaufnahme der Ist-Situation

Problemeingrenzung: Zusammenfassung der Probleme / Abweichungen

Lösungskonzept: Generierung von Problemlösungsstrategien

Die folgenden Unterkapitel beschreiben die einzelnen Schritte des methodischen Prozesses.

3.1 Situationsanalyse

Aufgrund der sehr anspruchsvollen Anforderungen in Bezug auf Größe, Leistungsdichte, Kosten, Zuverlässigkeit und Betriebstemperatur von Anwendungen im Automobilbereich, werden technologische Verbesserungen auf dem Gebiet der Leistungselektronik stetig vorangetrieben [60]. Zu den größten Herausforderungen hinsichtlich des Einsatzes von E/E-Komponenten zählen beispielsweise Sicherheit, Zuverlässigkeit, Wartbarkeit, Ausfallkosten, Risikofaktoren usw. Nachfolgend sollen speziell die Begriffe Zuverlässigkeit, Robustheit, funktionale Sicherheit und Verfügbarkeit voneinander abgegrenzt werden.

Zuverlässigkeit (eng. reliability) ist nach DIN 40041 [61] die Beschaffenheit bezüglich der Eignung, während oder nach vorgegebenen Zeitspannen bei vorgegebenen Arbeitsbedingungen die Zuverlässigkeitsanforderungen zu erfüllen.

© Springer Fachmedien Wiesbaden GmbH, ein Teil von Springer Nature 2019
U. Weinrich, *Methoden zur Bestimmung der Ausfallraten von elektrischen und elektronischen Systemen am Beispiel der Lenkungselektronik,* Wissenschaftliche Reihe Fahrzeugtechnik Universität Stuttgart, https://doi.org/10.1007/978-3-658-25463-6_3

Der Begriff reliability ist dagegen teils in der Bedeutung „Funktionsfähigkeit",
teils in der Bedeutung „Überlebenswahrscheinlichkeit" definiert und daher als
Übersetzung für „Zuverlässigkeit" missverständlich [61].

Funktionsfähigkeit: Eignung einer Einheit, eine geforderte Funktion unter
vorgegebenen Anwendungsbedingungen zu erfüllen [61].

Überlebenswahrscheinlichkeit: Wahrscheinlichkeit, dass die Lebensdauer
eine betrachtete Betriebsdauer ab Anwendungsbeginn mindestens erreicht
[61, 62].

Robustheit (engl. robustness) ist die Fähigkeit einer Betrachtungseinheit, auch
bei Verletzung der spezifizierten Randbedingungen vereinbarte Funktionen zu
erfüllen [63].[1] Der Prozess zum Nachweis, dass ein Produkt seine beabsich-
tigte(n) Funktion(en) mit einer ausreichenden Marge unter einem definierten
Einsatzprofil (engl. mission profile) für seine spezifizierte Lebensdauer erfüllt,
wird Robustheitsvalidierung (engl. robustness validation) genannt [64]. Die
Funktionale Sicherheit ist die Freiheit von inakzeptablen Risiken für Körper-
verletzungen oder Schäden an der Gesundheit von Menschen durch Sach- oder
Umweltschäden – sei es direkt oder indirekt (vgl. Abschnitt 2.1). Die (momen-
tane) **Verfügbarkeit** (engl. availability) ist nach [61] die Wahrscheinlichkeit,
eine Einheit zu einem vorgegebenen Zeitpunkt der geforderten Anwendungs-
dauer in einem funktionstüchtigen Zustand anzutreffen.

3.1.1 Mission Profile

Halbleitertechnologien im Automobil werden zunehmend mit strengeren Anforderungen an die Robustheit von elektronischen Systemen, Modulen (z. B.
Steuergeräte) und den elektronischen Komponenten konfrontiert. Diese Komponenten werden typischerweise unter sehr anspruchsvollen Umgebungsbedingungen und in der ständigen Gegenwart von hohen Temperaturen, hohen
Spannungen und großen Stromflüssen betrieben. Bedingt durch unterschiedliche Einflussfaktoren während der Einsatzphase, wie z. B. Temperaturerhö-
hung, Leistung, Stromdichte, mechanische Belastung, kommt es zu Veränderungen der Materialparameter und somit auch zu Veränderungen der Funkti-
onseigenschaft [65]. Die Ausfallwahrscheinlichkeit einer Komponente ergibt

---

[1]Hier besteht eine Abgrenzung zur (Funktions-)Zuverlässigkeit, die nur innerhalb der spezifizierten Anwendungsbedingungen gilt.

sich aus der Überlagerung der Beanspruchungsverteilung aus dem Mission Profile und der Beanspruchbarkeitsverteilung der Komponente, siehe Abbildung 3.1 (vgl. [10, 66]). Um das System robust gegenüber dem Einsatzprofil zu gestalten, ist eine Reduzierung der Überschneidung durch Design, Bauelementeauswahl, Prozessparameter etc. zu realisieren.

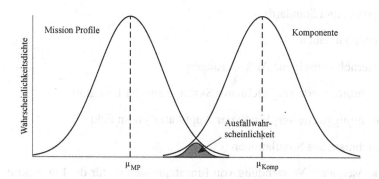

Abbildung 3.1: Ausfallwahrscheinlichkeit in Abhängigkeit von Beanspruchungs- und Beanspruchbarkeitsverteilung („Sicherheitszone")

Das Mission Profile ist eine Darstellung aller relevanten Betriebs- und Umgebungsbedingungen während des gesamten Lebenszyklusses, also während Herstellung, Lagerung, Transport und Nutzung bis zum sogenannten End of Life des Produktes [65, 67]. Dazu werden die Anforderungen an eine Baugruppe bezüglich deren Einbauorts so präzise wie möglich zusammengestellt und falls erforderlich durch zusätzliche Erläuterungen ergänzt [10]. Das Mission Profile ist vor Beginn der Entwicklung zu definieren und wird parallel zum Entwicklungsprozess fortlaufend kontrolliert sowie bei Bedarf aktualisiert.

Während es allgemeine Richtlinien gibt (z. B. in [64, 68]), wie das ursprüngliche Systemeinsatzprofil abzuleiten ist, wurde bisher kein formalisiertes und automatisiertes Verfahren definiert: Das ursprüngliche Einsatzprofil des Top-Level-Moduls wird in mehrere komponentenspezifische Einsatzprofile umgewandelt, eines für jede Komponente. Der Transformationsschritt wandelt die globalen Bedingungen, d. h. Umgebungs- und Funktionslasten, von der Modulebene in die lokale Komponentenebene um. Beispielsweise wird das Temperaturprofil eines Steuergeräts um einen positiven Temperatur-Offset verschoben, wenn es in das lokale Temperaturprofil einer Komponente des integrierten Schaltkreises (engl. integrated circuit, IC) umgewandelt wird. Dies liegt an den thermischen Impedanzen des ICs und seines Gehäuses, die dazu führen, dass die Sperrschichttemperatur eines ICs höher ist als die Durchschnittstemperatur des Steuergeräts. Die Transformation selbst ist spezifisch für die physische Struktur, das Design und die beabsichtigte Funktion der Komponente.

Als Grundlage für ein Mission Profile dienen beispielsweise [10]:

• Normen und Standards

• Kundenangaben

• Unternehmenseigene Anforderungen

• Erfahrungswerte vergleichbarer Systeme aus der Fertigung

• Erfahrungswerte vergleichbarer Applikationen im Feld

• Ergebnisse aus Simulationen

Die konsequente Verwendung von Einsatzprofilen ist für die Entwicklung robuster elektronischer Komponenten unerlässlich, um frühzeitig technologische Grenzen und deren Schwachstellen identifizieren zu können.

3.1.2 Ausfallratenkataloge

Die Zuverlässigkeit von Produkten und Systemen wurde in den späten 1940er Jahren zu einer anerkannten Ingenieursdisziplin. Die Bildung der Arbeitsgruppe „Reliability of Electronic Equipment" am 7. Dezember 1950 kann als historischer Beginn dieser Disziplin festgehalten werden [69]. Auslöser für diese Entwicklung war die Erfindung der Vakuumröhre Anfang des Jahrhunderts, die eine Reihe von Anwendungen wie beispielsweise Radio, Fernsehen und Radar ermöglichte. Gleichzeitig war sie im zweiten Weltkrieg die Hauptursache für Geräteausfälle [70]. Die erste Zuverlässigkeitsvorhersage- und Bewertungsspezifikation für elektronische Geräte war die TR-1100 „Reliability Stress Analysis for Electronic Equipment" des US Rome Air Development Centre im November 1956, die Modelle zur Berechnung der Ausfallrate von elektronischen Bauteilen vorstellte [69]. Die Absicht war, die verwendeten Komponenten und die Belastungsbedingungen zu analysieren, um eine Fehlerrate vorherzusagen, die mit den Feldausfallergebnissen übereinstimmt [71].

Obwohl sich Ausfallratenkataloge anhand ihrer Einsatzgebiete unterscheiden, gibt es mehrere Ähnlichkeiten zwischen den Modellen. Dabei ist auch die grundlegende Methodik vergleichbar. Für jede Bauteiltechnologie wird eine bestimmte Basisausfallrate λ_b definiert. Diese Ausfallrate gilt als eine typische oder durchschnittliche Ausfallrate, die für diese spezifische Komponententechnologie repräsentativ ist. Der Wert für diese Ausfallrate wird auf Basis der Feldfehlerdaten gewählt und mit den sogenannten π-Faktoren multipliziert, die unterschiedliche Abhängigkeiten berücksichtigen können: Betriebsbedingungen (Temperatur, Spannung, Strom), Schaltspielabhängigkeit (Relais), Komplexität (Stecker), Elektrische Last (z. B. Relais, Schütz), Qualitätsabhängigkeit, „Lernfaktor" (Alter / Technik der Komponente) und „Umweltfaktor" (Umgebungsbedingungen) [3, 72, 73]. Das Endergebnis ist die Fehlerratenvorhersage für eine bestimmte Komponente λ (vgl. [31, 74]):

$$\lambda = f(\lambda_b, \pi_i) \qquad \text{Gl. 3.1}$$

Zu den wichtigsten Ausfallratenkatalogen (sowie Anwendungsgebieten) gehören [27, 31, 75]:

- British Telecom HRD-5 (Telekommunikation)

- Chinesischer Standard GJB/Z 299B (Militärelektronik)

- CNET-2000 (Militärelektronik, am Boden)

- DIN EN 61709 (genereller Geräteeinsatz der Bauelemente)

- FIDES (Luftfahrt- und Militärelektronik)

- IEC 62380 / RDF-2000 (Telekommunikation)

- PRISM - Reliability Analysis (Zivil- und Militärelektronik)

- SAE 870050 (Automobiltechnik)

- Siemens Norm 29500 (Siemens-Produkte)

- Telcordia SR-332 / Bell TR 332 (hauptsächlich Telekommunikation)

3.1.3 Physics-of-Failure

Das Versagen von elektronischen Produkten ist eine Funktion von physikalischen Prozessen (Ausfallmechanismen), die dazu führen, dass E/E-Komponenten abbauen und schließlich fehlschlagen [76]. Der Physics-of-Failure Ansatz beruht auf dem Verständnis des Fehlermechanismusses, den Belastungsbedingungen (chemisch, elektrisch, mechanisch, thermisch), die die Ausfallmechanismen erzeugen können und auf den Fehlerorten, die anfällig für Ausfallmechanismen sind [10, 27, 74]. Durch das Verständnis der möglichen Fehlermechanismen können potenzielle Probleme in neuen und bestehenden Technologien identifiziert und gelöst werden, bevor sie auftreten [74, 77, 78]. Die Lebensdauer bzw. Ausfallrate von Bauelementen wird durch die modellhafte mathematische Beschreibung der zu Grunde liegenden Ausfallmechanismen ermittelt [79]. Dieser Ansatz integriert die Zuverlässigkeit in den Entwurfsprozess über ein wissenschaftlich fundiertes Verfahren zur Bewertung von Materialien, Strukturen und Technologien. Jedes physikalische Modell wird erstellt, um einen spezifischen Ausfallmechanismus zu erklären. Ausfallmodelle können als Überbeanspruchung oder Verschleiß klassifiziert werden. Modelle für Überbeanspruchung berechnen, ob ein Fehler infolge einer definierten Belastung auftreten wird. Modelle für Verschleißfehler berechnen hingegen die erforderliche Einwirkdauer, um einen Ausfall basierend auf einer definierten Belastungsbedingung zu verursachen.

Um die Zuverlässigkeit von elektronischen Produkten nach dem Physics-of-Failure-Ansatz quantifizieren zu können, wird der Prozess in Abbildung 3.2 angewandt [77, 78]: Basierend auf den Anforderungen bezüglich der funktionalen, physischen, Test-, Wartbarkeits-, Sicherheits- und Servicefähigkeiten des Produkts und den Temperatur-, Feuchtigkeits-, Vibrations-, Schock- oder anderen Bedingungen, werden die thermischen, mechanischen, elektrischen und elektrochemischen Spannungen, die auf das Produkt einwirken, modelliert. Anschließend wird die Belastungsanalyse mit dem Wissen über die Stressantwort der gewählten Materialien und Strukturen kombiniert, um zu erkennen, wo ein Fehler auftreten könnte (Fehlerorte), welche Form er annehmen könnte (Fehlermodi) und wie er auftreten könnte (Fehlermechanismen). Sobald die potenziellen Fehlermechanismen identifiziert wurden, wird das spezifische Fehlermechanismusmodell verwendet. Die Zuverlässigkeitsbewertung besteht darin, die Zeit bis zum Versagen für jeden möglichen Fehlermechanismus zu berechnen und dann solche als dominante Fehlerstellen und -mechanismen zu wählen, bei denen die Ausfallzeit am geringsten ist. Die Informationen aus dieser Bewertung können verwendet werden, um zu bestimmen, ob ein Produkt für die beabsichtigte Anwendungslebensdauer überleben wird. Darüber hinaus können die Informationen verwendet werden, um ein Produkt für eine erhöhte Robustheit gegenüber den dominanten Versagensmechanismen neu zu entwerfen.

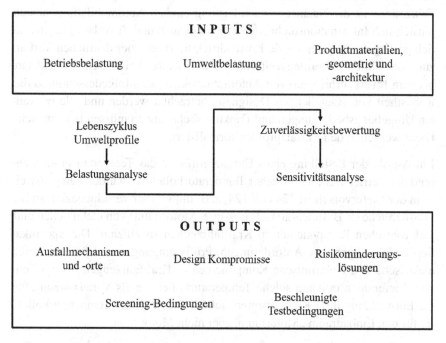

Abbildung 3.2: Physics-of-Failure Prozess [2, 78, 80]

Zu den bedeutendsten physikalischen Versagensmechanismen in modernen elektronischen Vorrichtungen zählen Korrosion, der zeitabhängige dielektrische Durchbruch, die negative / positive Temperaturinstabilität, die Elektromigration und die Injektion heißer Ladungsträger [65, 75, 81, 82].

3.2 Problemeingrenzung

3.2.1 Mission Profile

Als Folge der hohen Anforderungen an Sicherheit, Leistung und Komfort von Fahrzeugen ist die Nachfrage nach leistungsstarken Automobilkomponenten hinsichtlich Informationsdichte, Übertragungsraten und Zuverlässigkeit merklich gestiegen. Der anhaltende Kostendruck führt zu einer deutlichen Verkürzung der üblichen Reifungszeit von typischerweise drei Jahren (Projektstart bis zum Inverkehrbringen) von Automobilelektronik. Infolgedessen muss die Robustheit von Bauteilen als Designziel betrachtet werden und alle relevanten Umgebungsbedingungen und Funktionsbelastungen müssen bekannt sein. Diese werden in den Einsatzprofilen formalisiert.

Ein Aspekt der Erstellung eines Einsatzprofils ist das Temperaturprofil während der Betriebszeit. Vier solcher Temperaturkollektive wurden beispielsweise in der Liefervorschrift 124 (LV 124, z. B. in [83]) für verschiedene Installationsbereiche (z. B. Innenraum, Karosserie, Motorraum) von elektrischen und elektronischen Komponenten in Kraftfahrzeugen spezifiziert. Die Spezifikation enthält allgemeine Anforderungen, Prüfbedingungen und Prüfungen für elektrische und elektronische Komponenten in Kraftfahrzeugen bis 3,5 Tonnen. Lieferanten erhalten solche Temperaturkollektive als Voraussetzung für die Entwicklung ihrer Komponenten. Tabelle 3.1 zeigt das Temperaturkollektiv für den Einbauraum „Motorraum, aber nicht Motor".

Tabelle 3.1: Temperaturkollektiv „Motorraum, aber nicht Motor" aus LV 124 [83]

Temperatur	Verteilung
-40 °C	6 %
23 °C	20 %
65 °C	65 %
115 °C	8 %
120 °C	1 %

In der Literatur wie z. B. [10, 27, 66, 84] lassen sich weitere Temperaturprofile finden, die sich entweder in der Zahl der Stützstellen oder der prozentualen Verteilung auffällig von Tabelle 3.1 unterscheiden. Die relativ lange Verweildauer bei hohen Temperaturen von 115 bzw. 120 °C führt bei einigen E/E-Komponenten und -Baugruppen bereits zu einer reduzierten Performance. Im Gegensatz zur Lebensdauerprüfung oder Robustheitsvalidierung sollte die Verfügbarkeit der Komponente im Vordergrund stehen, wodurch das Temperaturprofil den alltäglichen Einsatz widerspiegeln muss. Denn bleibt die Einheit unter den realen Einsatzbedingungen funktionstüchtig, werden die Anforderungen der funktionalen Sicherheit nicht verletzt.

3.2.2 Ausfallratenkataloge

Alle Ausfallratenkataloge verwenden ähnliche Methoden und Annahmen, wobei kein „Handbuch" nachweislich genauere Ergebnisse liefert als die anderen. Obwohl empirische Vorhersage-Standards seit vielen Jahren verwendet werden, ist es ratsam, sie mit Vorsicht zu benutzen. Die Vor- und Nachteile empirischer Methoden wurden in den vergangenen drei Jahrzehnten umfassend[2] diskutiert.

Vorteile von Zuverlässigkeits-Standards

Ausfallratenkataloge haben eine lange Geschichte und sind noch immer weit verbreitet. Einer der Hauptgründe für ihre Popularität ist die Tatsache, dass sie relativ einfach und benutzerfreundlich sind. Im Allgemeinen bieten Ausfallratenkataloge eine hohe Auflösung und Präzision. Gleichzeitig wird dem Benutzer ermöglicht, das Ergebnis auf die spezifischen Komponenteneigenschaften, Qualitätsfaktoren und Belastungsbedingungen abzustimmen. Zuverlässigkeitsvorhersagen auf der Grundlage empirisch gesammelter Daten können gute Ergebnisse für ähnliche oder wenig modifizierte Produkte liefern. Schließlich wurden die Ausfallratenkataloge ursprünglich zum Vergleich von verschiedenen Topologien oder Ansätzen entwickelt.

Im Gegensatz zu mechanischen Systemen haben die meisten elektronischen Systeme keine beweglichen Teile. Als Ergebnis wird allgemein akzeptiert, dass elektronische Systeme oder Komponenten während der Betriebszeit konstante Fehlerraten aufweisen. Die Exponentialverteilung ist hierbei besonders leicht handhabbar und vereinfacht die Zuverlässigkeitsberechnungen. Die Verteilung

---

[2]Siehe unter anderem [5, 12, 23, 27, 28, 33, 38, 62, 69, 72–77, 81, 85–120]

wird oft als robust angesehen, da sie nur von der durchschnittlichen Fehlerrate abhängt.

Die geforderte Zuverlässigkeitsabsicherung nach ISO 26262-5:2011, 8.4.3 legt mehr Gewicht auf die Vorhersage der Zuverlässigkeit anhand von Handbüchern wie Telcordia SR-332 oder IEC 62380 als die Vorhersagen aufgrund von Feld- oder Testdaten. In [28] wird dies mit der Tatsache begründet, dass die meisten Automobilzulieferer keine Feldrückführungsdaten hätten, die sie zur Zuverlässigkeitsvorhersage verwenden könnten, und es daher für sie zweckmäßiger wäre, die Ausfallratenkataloge zu verwenden.

Nachteile von Zuverlässigkeits-Standards

Ausfallratenkataloge sind stark veraltet (letzte Review MIL-HDBK-217: 1995, IEC 62380: 2004, FIDES: 2011) und die verwendeten Modelle sind aufgrund der Nichtberücksichtigung von Innovationen übermäßig pessimistisch geworden. Die zur Aktualisierung notwendige Datensammlung sowie deren Integration in den Ausfallratenkatalog benötigen viel Zeit, weshalb die Ausfallratenkataloge meist nur einen ungefähren Wert der Ausfallrate λ darstellen. Die seither auf den Markt gebrachten neuen Komponenten, der technologische Fortschritt sowie Qualitätsverbesserungen sind somit nicht abgedeckt. Der Anwender kann aus den Handbüchern nicht abschätzen, wie die Feldausfälle analysiert, dokumentiert und zusammengetragen wurden. Außerdem sind die tatsächlichen Feldbelastungsprofile der Komponenten oftmals nicht eindeutig bekannt bzw. aus den Daten nicht explizit ersichtlich. Typischerweise können die ermittelten Ausfallraten mit keiner Aussagewahrscheinlichkeit abgesichert werden – dies bedeutet im Sinne der Statistik, dass die Ausfallraten nicht belastbar sind.

Das Hauptproblem mit den Ausfallratenkatalogen tritt auf, wenn die Modelle auf neuere Material- und Fertigungstechnologien angewendet werden. Zum Entwicklungszeitpunkt eines neuen Produktes sind noch keine Zuverlässigkeitsdaten über die aktuell verwendeten Komponenten verfügbar. Herkömmliche Zuverlässigkeitsvorhersage-Methoden werden durch die Trends der schnelleren Markteinführungszeit, den größeren Einsatz von seriengefertigter (engl. commercial / components-off-the-shelf, COTS) Elektronik und COTS-Halbleitertechnologien mit kleineren Strukturgrößen verfälscht.

In der Realität gibt es keine konstante Fehlerrate über die gesamte Lebensdauer (siehe Badewannenkurve in Abbildung 2.1), weil es oftmals keine kontinuierliche gleichförmige Beanspruchung gibt. Durch eine konservative Auslegung kann oft vermieden werden, dass Bauelemente über die Elastizitätsgrenzen beansprucht werden. Werden diese Grenzen jedoch häufig oder intensiv überschritten, ist ein statistisch verteiltes Alterungsverhalten nicht mehr argumentierbar. Kein Material weist eine konstante Alterungskurve auf und eine Materialstreuung führt je nach Beanspruchung ebenfalls zu Unterschieden im Alterungsverhalten. Die mit der Exponentialverteilung verbundene konstante Ausfallrate scheint für keinen Versagensmechanismus, der auf Ermüdungs-, Korrosions-, Bruch- und / oder Verschleißmechanismen zurückgeführt werden kann, angemessen zu sein. Eine gründliche Untersuchung der Ausfälle in heutigen elektronischen Produkten würde zeigen, dass Misserfolge durch falsche Anwendung (menschliches Versagen), mangelnde Prozesskontrolle oder schlechtes Produktdesign verursacht wurden.

O'Connor fand in [96] sehr klare Worte (ins Deutsche übersetzt):
„In keinem anderen Bereich der Technik oder Wissenschaft würden solche unbegründeten Beziehungen für die Vorhersage von Ergebnissen verwendet werden."

3.2.3 Einfluss der Strukturgröße

Die fortschreitende Miniaturisierung in der Elektronik, die Integration einer großen Zahl von kleinen Transistoren auf einem einzigen Chip und die höhere Leistungsdichte pro Flächeneinheit erfordern kostengünstige und zuverlässige Produkte. Die große Bandbreite an Anwendungen in spezialisierten Bereichen wie Avionik-, Automobil- und andere Hochtemperatur-Umgebungen erfordern neben den üblichen kommerziellen Anwendungen einen hohen Grad an zuverlässigem Betrieb der Elektronik unter rauen Umgebungsbedingungen [121].

Die von Gordon Moore vorhergesagte und als Moore'sche Gesetz [122] bekannte Größenreduzierung von Transistoren in modernen integrierten Schaltkreisen ermöglicht, dass Entwickler immer komplexere Bauelemente herstellen können [90]. Bedingt durch die steigende Anzahl an Transistoren in einem Prozessor bzw. einer zentralen Verarbeitungseinheit (engl. central processing unit, CPU), vervierfacht sich die Komplexität durchschnittlich alle drei Jahre [10, 121] und elektronische Geräte können immer komplexere Funktionen übernehmen. Abbildung 3.3 zeigt die fortschreitende Miniaturisierung anhand von Halbleiter-Technologieknoten (Gate-Länge des Transistors).

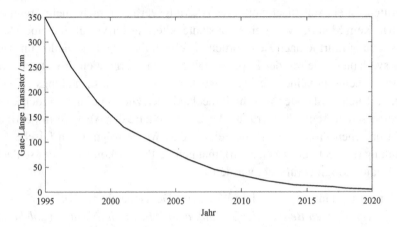

Abbildung 3.3: Meilensteine der Halbleiter-Technologieknoten

Es ist nur allzu gut nachvollziehbar, dass mit dieser Strukturverkleinerung (engl. scaling) neue Herausforderungen verbunden sind [117, 121]. Scaling produziert ICs mit mehr Transistoren und mehr Verbindungen, sowohl auf dem Chip als auch im Gehäuse. Dies führt zu einer zunehmenden Anzahl potentieller Fehlerstellen. Ausfallmechanismen werden ebenfalls durch die Skalierung beeinflusst. Darüber hinaus kann Scaling auch zu einer effektiven Erhöhung der Stressfaktoren führen [121]: Erstens nimmt die Stromdichte zu, wodurch die Zuverlässigkeit der Verbindung beeinflusst wird. Zweitens werden Spannungen oft langsamer verkleinert als Abmessungen, was zu einer Erhöhung der elektrischen Felder führt, die die Zuverlässigkeit des Isolators beeinflussen. Drittens hat die Skalierung zu einer erhöhten Verlustleistung geführt, die zu höheren Chiptemperaturen, größeren Temperaturzyklen und erhöhten Wärmegradienten führen, die allesamt mehrere Fehlermechanismen beeinflussen. Als Ergebnis wird der Beginn von verschleiß- oder alterungsbedingten Ausfällen aufgrund von Effekten wie Elektromigration, Gate-Oxid-Durchbruch und negative Temperaturinstabilität beschleunigt [33].

In [123] wird auf den Missstand in der Halbleiterqualifizierung für sicherheitsrelevante Funktionen in der Automobilindustrie hingewiesen. Bedingt durch

den relativ kleinen Anteil an Kfz-Elektronik, gepaart mit den Anforderung-
en an hohe Zuverlässigkeit, werden die Vorgaben an die Halbleiterindustrie
vorrangig durch die Endgeräte-Elektronik oder auch „Consumer-Elektronik"
[123] bestimmt. Die sinkende Zuverlässigkeit und Lebensdauer aufgrund bisher nicht relevanter Fehlermechanismen kann zwar bei kurzlebigen Endgerä-
ten toleriert werden, in der Automobilindustrie ist dies aufgrund der Lebens-
auslegung (15 Jahre, 8000 Betriebsstunden) jedoch nicht möglich. Laut [124]
waren 2017 weltweit weniger als zehn Unternehmen in der Lage, IGBT-Halb-
leiterchips oder Module zu liefern, die die strengen Anforderungen der Automobilindustrie erfüllen.

3.3 Lösungskonzept

Damit die dargestellten Problemstellungen in einer strukturierten Weise bear-
beitet werden können, ergeben sich die folgenden Arbeitsschwerpunkte und
Kapiteleinteilungen.

Das Einsatzprofil repräsentiert alle relevanten Umweltbelastungen (z. B. che-
mische, klimatische, mechanische) und Nutzungsbedingungen, denen ein
Bauteil während seines gesamten Lebenszyklusses ausgesetzt ist. In **Kapitel
4** wird als Untersuchungsmethode für das Einsatzprofil eine repräsentative
Probandenstudie im Fahrversuch auf öffentlichen Straßen eingesetzt. Um die
Übertragbarkeit der Ergebnisse auf andere Klimazonen (kritischere Umgebungstemperaturen) zu testen, werden Messungen im Thermowindkanal bei
40 °C Außentemperatur durchgeführt.

Es wurde gezeigt, dass traditionelle Methoden zur Untersuchung elektronischer Komponenten, die in Anwendungen mit hoher Zuverlässigkeit verwendet werden, nur äußerst aufwendig aktualisiert werden können. Infolgedessen
wird ein felddatenbasiertes Zuverlässigkeitsvorhersage-Werkzeug vorgestellt,
das keine detaillierte Komponenteninformation benötigt, sondern eine genauere Schätzung der Fehlerrate liefert. Als Methode zur Kombination von unterschiedlichen Felddaten und Vorwissen ist die Bayes'sche Statistik geeignet, die
in **Kapitel 5** beschrieben wird.

Der Einfluss der sinkenden Strukturgröße auf die Ausfallrate von E/E-Syste-
men wird im weiteren Verlauf nicht weiter betrachtet. Das Themengebiet der

Ausfallmechanismen von elektronischen Komponenten ist sehr umfangreich und erfordert eine gesonderte Betrachtung. Eine Möglichkeit der Kombination von qualitativen Daten aus dem Physics-of-Failure-Ansatz und quantitativen Daten aus der statistischen Analyse, wurde bereits in [101] untersucht. Hinweise bezüglich der Anwendung in der Automobilbranche konnten nicht gefunden werden.

4 Experimentelle Bestimmung des Temperaturprofils

Da sich eine Vielzahl von Faktoren, die im realen Betrieb auftreten, nicht oder nur bedingt mit einbeziehen lassen, sind numerische Simulationen von Fahrzeugkomponenten im realen Einsatz nur eingeschränkt aussagekräftig. Ein zusätzlicher Nachteil im Vergleich zur Fahrt auf öffentlichen Straßen besteht im Fehlen der Fahrbahnlängsneigung, die nachweisbar Fahrerverhalten, Fahrleistung und Verbrauch beeinflusst [125]. Das individuelle Verhalten des Fahrers eines Kraftfahrzeugs im Realverkehr kann ebenfalls nicht mit den oben genannten Simulationen erfasst werden.

Nachfolgend werden die Einsatzprofile von zwei Verbrennungsmotorfahrzeugen im Endkundenbetrieb mithilfe einer repräsentativen Probandenstudie ermittelt. Die statistische Auswertung der Messfahrten dient der Quantifizierung der Aussagekraft der gewonnenen Ergebnisse. Die Extrapolation der Profile auf Heißländer wird im Thermowindkanal qualitativ und quantitativ untersucht. Vor dem Hintergrund des Ziels der Bundesregierung, dass bis zum Jahr 2020 eine Million Elektrofahrzeuge in Deutschland zugelassen sein sollen, werden die Ergebnisse der Fahrzeuge mit Verbrennungsmotoren mithilfe einer weiteren Probandenstudie um das Temperaturprofil eines Serien-Elektrofahrzeugs erweitert. Das erarbeitete Verfahren zur Berechnung eines allgemeinen, weltweit gültigen Temperaturprofils zur Schätzung von Ausfallraten von elektrischen und elektronischen Systemen wird vorgestellt.

4.1 Nachbildung des Endkundenbetriebs mit Probandenstudien

Für die Gewinnung aussagekräftiger und valider Ergebnisse zur Temperaturbelastung von E/E-Komponenten und -Baugruppen im Motorraum im Endkundenbetrieb ist eine wissenschaftliche Vorgehensweise wesentlich. Als Untersuchungsmethode wird die repräsentative Probandenstudie im Fahrversuch

© Springer Fachmedien Wiesbaden GmbH, ein Teil von Springer Nature 2019
U. Weinrich, *Methoden zur Bestimmung der Ausfallraten von elektrischen und elektronischen Systemen am Beispiel der Lenkungselektronik*, Wissenschaftliche Reihe Fahrzeugtechnik Universität Stuttgart, https://doi.org/10.1007/978-3-658-25463-6_4

auf öffentlichen Straßen in einer erweiterten Form eingesetzt. Das Ziel der Probandenstudie ist eine statistisch repräsentative Erfassung der Temperaturverteilung um das Lenkungssteuergerät für die Gesamtheit der deutschen Autofahrer. Um eine ausreichende statistische Grundgesamtheit und Aussagesicherheit zu erreichen, sollen die Messfahrten möglichst viele realistische Betriebsbedingungen abbilden. Dies ist Voraussetzung, um aus dem Temperaturverhalten der Stichprobe Schlussfolgerungen für die gesamte Lebensdauer des Fahrzeugs ziehen zu können. Bei Übereinstimmung der Häufigkeitsverteilungen aus Probandenstudie und gesamter Lebensdauer, kann aus den Ergebnissen auf die gesamte Betriebsdauer extrapoliert werden. Die Planung der Untersuchung setzt sich aus den folgenden Eckpunkten zusammen.

4.1.1 Fahrzeug

Die Wahl des Fahrzeugs stützt sich vor allem auf den Anteil an Fahrzeugen mit dem zu untersuchenden Bauteil bzw. der (Assistenz-)Funktion im beobachteten Pkw-Markt. Die Marktdaten stammen aus öffentlich zugänglichen Statistiken namhafter Anbieter wie z. B. Statista, die Deutsche Automobil Treuhand GmbH (DAT), der Berufsverband Deutscher Markt- und Sozialforscher e.V (BVM), der Bundesanstalt für Straßenwesen (BASt) sowie die statistischen Ämter des Bundes und der Länder.

Im Rahmen dieser Arbeit stützt sich die Fahrzeugauswahl neben messtechnischen Randbedingungen vor allem auf Statistiken zum Bestand an Kraftfahrzeugen in Deutschland und der Verteilung der elektrischen Servolenkung [126]. Als Versuchsträger für die Elektrolenkung mit Servoeinheit am zweiten Ritzel – EPSdp – fällt die Wahl auf ein Fahrzeug der Kompaktklasse mit Ottomotor („Fahrzeug 1"). Aufgrund der hohen Anforderungen an die Raumnutzung bzw. den Platzbedarf der mechanischen und elektrischen Komponenten, ist diese Fahrzeugklasse für die Probandenstudie sehr interessant. Die große Verbauungsdichte erschwert die natürliche Kühlung über den Kühlergrill durch den Fahrtwind, wodurch die Umgebungstemperaturen der E/E-Komponenten höher sein können als bei größeren Fahrzeugklassen [27]. Für die Elektrolenkung mit achsparalleler Servoeinheit – EPSapa – ist ein Fahrzeug der oberen Mittelklasse mit Dieselmotor vorgesehen („Fahrzeug 2"). Die bewusste Auswahl unterschiedlicher Antriebskonfigurationen soll eine Varianz der Ergebnisse ermöglichen. Auf eine Untersuchung der Variante mit Servoeinheit an der Lenksäule – EPSc – wird aufgrund des signifikant unterschiedlichen Einbauortes (Innenraumsteuergerät) verzichtet.

4.1.2 Probandenkollektiv

Das Ziel der Messfahrtenstudie ist, eine möglichst hohe statistische Aussagekraft zu erreichen, wodurch der Anzahl der Probanden eine sehr große Bedeutung zukommt. Vor der Versuchsdurchführung muss die Streuung des interessierenden Merkmals in der Population bereits aus früheren Versuchen oder durch Vorgabe von Richtlinien bekannt sein [15]. Daraus wird die mindestens zu erwartende Systemwirkung bestimmt, die Effektgröße berechnet und das Signifikanzniveau festgelegt. Die Verteilung von Alter, Geschlecht und Fahrleistung muss für den betrachteten Fahrzeugtyp bzw. das Bauteil charakteristisch sein.

Die thermische Beanspruchung des Lenkungssteuergeräts wird mit einer populationsbeschreibenden Untersuchung mit Messfahrten unter realen Bedingungen durchgeführt. Um mit der Studie gültige Aussagen über die deutsche Bevölkerung treffen zu können, muss die Stichprobe (Probanden) repräsentativ sein und in ihrer Zusammensetzung der Population möglichst stark ähneln [15]. Zur Vorauswahl der Probanden werden die Kriterien Alter, Geschlecht und Jahresfahrleistung herangezogen. Durch die Wahl unterschiedlicher Berufe, Fahrleistungen usw. wird sichergestellt, dass nicht eine bestimmte Bevölkerungsgruppe favorisiert bzw. ausgelassen wird. Darüber hinaus bedeutet eine gleichmäßige Verteilung der jährlichen Fahrleistung, dass die Messfahrten mit unterschiedlichen Fahrstilen gefahren werden.

Aufgrund von Erfahrungswerten wird davon ausgegangen, dass es sich bei der Temperaturverteilung im Motorraum um ein normalverteiltes Merkmal handelt. Der Schätzwert der Merkmalsstreuung $\hat{\sigma}$ der Temperatur wird nach Gleichung 2.10 berechnet. Für Messfahrten im Raum Stuttgart im Zeitraum von August bis Oktober wird davon ausgegangen, dass keine Temperaturen unter $0\,°C$ auftreten. Mit einer geschätzten Streubreite von $R = 120\,°C$ folgt eine Merkmalsstreuung von:

$$\hat{\sigma} = \frac{120\,°C}{5,15} = 23,3\,°C \qquad \text{Gl. 4.1}$$

In Abhängigkeit des Konfidenzintervalls und des akzeptierten Schätzfehlers[1], lassen sich die in Tabelle 4.1 dargestellten Stichprobenumfänge aus [15] entnehmen.

Tabelle 4.1: Stichprobenumfänge in Abhängigkeit von Konfidenzintervall und Schätzfehler

Konfidenzintervall	Akzeptierter Schätzfehler	
	$0,3\sigma$ ($\hat{=} 7\,°C$)	$0,4\sigma$ ($\hat{=} 9,3\,°C$)
95 %	43	24
99 %	74	42

Für die vorgestellte Probandenstudie wird ein Stichprobenumfang von mindestens 43 Probanden festgelegt. Um einen Ausfall der Messtechnik bei vereinzelten Messfahrten oder Nichterscheinen von Probanden abfangen zu können, wird die Anzahl auf 50 erhöht. Unter Berücksichtigung des Altersaufbaus der deutschen Bevölkerung im Jahr 2012 [128], wird die in Tabelle 4.2 dargestellte Verteilung der Altersgruppen für die Probandenstudie gewählt.

Tabelle 4.2: Verteilung der Altersgruppen

Altersgruppe	Bevölkerungsanteil		Anzahl Probanden	
	männlich / %	weiblich / %	männlich	weiblich
20-29	9,31	9,00	5	5
30-39	9,34	9,09	5	5
40-49	12,54	12,56	6	6
50-59	10,59	10,61	5	5
60-69	8,24	8,73	4	4

4.1.3 Strecke

Einen entscheidenden Einfluss auf die allgemeine Übertragbarkeit der Ergebnisse der Studie, hat die Fahrstrecke im öffentlichen Verkehrsraum [129]. Die-

---

[1] Der Schätzfehler entspricht der Breite des Konfidenzintervalls, in dem der unbekannten Parameter der Grundgesamtheit mit einer bestimmten Wahrscheinlichkeit vermutet wird [127].

se ist in Hinblick auf eine repräsentative Verteilung von Autobahn, Landstraße und Stadt sowie einer repräsentativen Fahrgeschwindigkeitsverteilung auszuwählen. Zur Darstellung eines realen Endkundenbetriebs sind Park- und Wendemanöver ebenso von Bedeutung (siehe Abschnitt 4.1.4), sie können aber bei nachweisbar fehlendem Einfluss auf das Studienziel ausgelassen werden. Insgesamt soll die Fahrroute dem Fahrprofil des durchschnittlichen Autofahrers in Deutschland entsprechen. Grundlage für die Anteile der einzelnen Streckenarten sind statistische Daten zur Streckennutzung und Jahresfahrleistung in Deutschland [126, 130–148].

Unter Berücksichtigung dieser Daten wurde im Rahmen eines Forschungsprojektes 2010 ein Rundkurs im Raum Stuttgart definiert. Dieser Rundkurs hat eine Gesamtlänge von 58,6 km (beim Durchfahren im Uhrzeigersinn). In [149, 150] ist der sogenannte Stuttgart-Rundkurs erneut mit Veröffentlichungen zum deutschen Straßennetz und Jahresfahrleistungen aus den Jahren 2014 und 2015 abgeglichen und validiert worden. In Abbildung 4.1 ist links der Streckenverlauf des Rundkurses dargestellt, auf der rechten Seite ist die prozentuale Verteilung der Streckenarten abgebildet. Dabei wird ein Autobahnabschnitt ohne generelle Geschwindigkeitsbegrenzung als „BAB, unbeschränkt" und ein Abschnitt mit genereller Geschwindigkeitsbegrenzung als „BAB, beschränkt" bezeichnet.

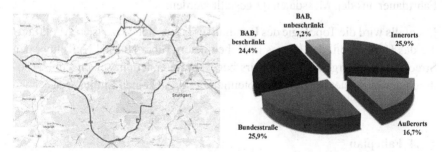

Abbildung 4.1: Stuttgart-Rundkurs (links: Streckenverlauf, rechts: Verteilung der Streckenarten)

In Tabelle 4.3 sind typische Vorgaben zur Lebensdauerauslegung von Fahrzeugkomponenten durch den OEM (z. B. in [83]) dargestellt.

Tabelle 4.3: Lebensdaueranforderungen nach [83]

Lebensdauer	15 Jahre
Betriebsstunden	8.000 h
Laufleistung	300.000 km

Unter der Annahme von zwei Fahrzyklen pro Tag, ergeben sich über die Fahrzeuglebensdauer

$$2 \cdot 365 \text{ Tage} \cdot 15 \text{ Jahre} = 10.950 \text{ Fahrzyklen} \qquad \text{Gl. 4.2}$$

mit einer Fahrdauer von

$$8000 \text{ h} / 10.950 \text{ Fahrzyklen} = 43 \text{ Minuten } 50 \text{ Sekunden} \qquad \text{Gl. 4.3}$$

pro Fahrzyklus. Für den vorgestellten Stuttgart-Rundkurs werden unter optimalen Bedingungen (keine Behinderungen durch Baustellen, Stau usw.) ca. 70 Minuten Fahrtzeit benötigt. Folglich kann die in Gleichung 4.3 berechnete Fahrtdauer aus den Messdaten dargestellt werden.

Ebenfalls wird die Topologie des Rundkurses betrachtet. Dazu ist in Abbildung 4.2 das Höhenprofil des Kurses in Höhenmetern (über Normal Null) über der Strecke in km dargestellt. Der Kurs beginnt und endet am selben Punkt, wodurch gewährleistet ist, dass die potentielle Energie keinen Einfluss hat.

4.1.4 Fahrplan

Der Fahrplan der Studie hat ebenfalls einen signifikanten Einfluss auf das Ergebnis der Untersuchung, weshalb bei dessen Aufstellung einige wesentliche Punkte beachtet werden müssen. Hierzu zählen das Wetter und die Witterung, die Verkehrslage (Haupt-, Nebenverkehr, Ferien), die Anzahl an Fahrten an einem Tag und die Länge der Standzeiten der Fahrzeuge zwischen diesen Fahrten.

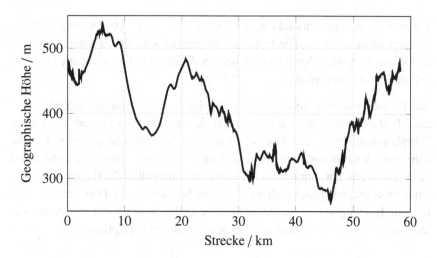

Abbildung 4.2: Höhenprofil des Stuttgart-Rundkurs

Da im mitteleuropäischen Sommer eine stärkere Wärmeentwicklung aufgrund der höheren Außentemperaturen zu erwarten ist, werden die Fahrten der Probandenstudie in dieser Jahreszeit durchgeführt. Um den Einfluss unterschiedlicher Starttemperaturen bewerten zu können, wird der Zeitraum von August bis Oktober ausgewählt. Weiterhin soll mit der geplanten Durchführung während und nach den Sommerferien in Baden-Württemberg der Einfluss der variierenden Verkehrslage untersucht werden. Um vergleichbare Verkehrsbedingungen zu erhalten, finden alle Messfahrten in definierten Tageszeit-Fenstern statt.

Um den Einfluss des Streckenverlaufs auf die Entwicklung der Temperatur im Motorraum zu bestimmen, wird der Rundkurs jeweils von der Hälfte der Probanden im bzw. gegen den Uhrzeigersinn – Fahrtrichtung Autobahn (A) bzw. Stadt (S) – durchfahren. Für die Betrachtung von Wegelängen > 60 km wird in zehn Fällen eine direkte Anschlussfahrt durchgeführt. Im Fahrplan wird dies anhand von Kaltfahrten (Standzeit > 6 Stunden, Abkürzung K) und Heißfahrten (Standzeit < 1 Stunde, Abkürzung H) unterschieden.

Zum Abstellen des Fahrzeugs werden bei alltäglichen Fahrten durch den Endkunden Park- und Wendemanöver durchgeführt. Dabei werden höhere Lenkwinkel bei zugleich niedrigen Fahrgeschwindigkeiten erreicht oder es wird sogar im Stand gelenkt. Diese Kombination führt zu einer Erhöhung der benötigten Lenkleistung, weshalb diese Manöver aufgrund der nicht vernachläs-

sigbaren Temperaturentwicklung im Steuergerät der Elektrolenkung nicht ge-
strichen werden dürfen. Die Fahrmanöver Parken seitwärts, Parken rückwärts
und Wenden in drei Zügen werden bei der Auslegung der Studie gleichmäßig
auf die Messfahrten verteilt.

Nach Abschluss aller Vorbereitungen erfolgt die Durchführung der Messfahrten. Hierbei werden die Fahrzeuge von den akquirierten Fahrern zu den im
Fahrplan definierten Zeiten auf der repräsentativen Strecke gefahren. Um die
Fahrweise des Probanden nicht zu stark durch den unbekannten Routenverlauf
zu beeinflussen, hat sich bereits bei vergangenen Studien die Begleitung durch
einen orts- und fahrzeugkundigen Beifahrer bewährt [141]. Darüber hinaus erfasst die Begleitperson Fahrzeiten, Verkehrsbedingungen sowie Probleme oder
Störungen bei der Messdatenaufzeichnung in einem Fahrtprotokoll.

4.2 Übertragung auf andere Klimazonen

Aufgrund des oben beschriebenen Designs der Probandenstudie hinsichtlich
Probanden, Fahrzeug- und Streckenparameter sind die Temperaturkollektive
ausschließlich für Deutschland repräsentativ. Jedoch steckt in dem ermittelten
Fahrzyklus das Potential, ihn auf einem Prüfstand beispielsweise für wärmere
Klima-Regionen einzusetzen. Der Thermowindkanal am FKFS (siehe Abbildung 4.3) bietet beispielsweise die Möglichkeit, die Außentemperatur des Fahrzeugs zwischen 20 und 50 °C einzuregeln. Durch den Rollenprüfstand können
die Fahrwiderstände und die thermische Situation realitätsnah simuliert werden [151]. Benötigt wird dazu ein repräsentatives Geschwindigkeits- und Fahrbahnprofil der Probandenstudie. Der Einfluss von Außen- und Umgebungslufttemperatur unmittelbar um das Lenkungssteuergerät auf die Erwärmung der
Bauteile wird gemessen – nicht simuliert – und das in Summe auftretende
Temperaturkollektiv bestimmt [152]. Die Übertragbarkeit der Ergebnisse vom
Thermowindkanal auf Straßenmessungen und die Unterschiede aufgrund der
Grenzschichtbildung (vgl. Abbildung A.7 im Anhang) wurden in [153] vorge-
stellt.

Zur Validierung der Messdaten aus dem Thermowindkanal soll das reale Fahrprofil eines Probanden herangezogen werden, da dieses den Mittelwert der gemessenen Geschwindigkeitsprofile aller Fahrer aus Abbildung 4.4 am besten

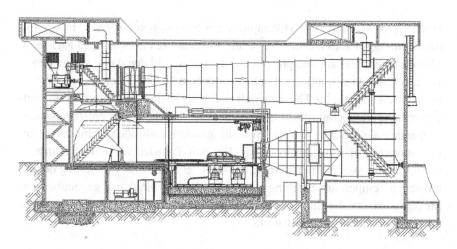

Abbildung 4.3: Thermowindkanal des FKFS

repräsentiert. Der Fahrzyklus besteht aus Zeitverläufen fahrdynamischer Größen, wie der Fahrzeuggeschwindigkeit und der Längsbeschleunigung.

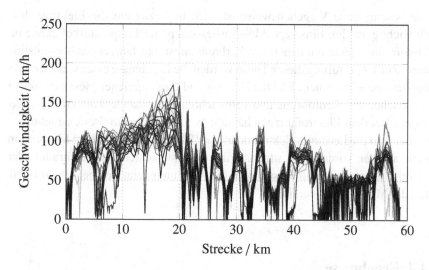

Abbildung 4.4: Geschwindigkeitsprofile aller Fahrer mit Fahrtrichtung Autobahn

Über all diese Verläufe wird ein mittleres Fahrprofil gebildet und anschließend mithilfe der Methode der kleinsten Fehlerquadrate das Geschwindigkeitsprofil herausgesucht, welches diesem Mittelwert am ähnlichsten ist. Das Fahrbahnprofil ergibt sich aus dem Höhenprofil des Stuttgart-Rundkurses. In Kombination mit den Fahrwiderständen resultiert daraus ein notwendiges Rad- bzw. Motormoment, das zur entsprechenden Motorlast und den damit verbundenen Wärmeeinwirkungen auf das Lenkungssteuergerät führt. Durch diese Vorgehensweise kann das im Thermowindkanal bei gleicher Außentemperatur aufgezeichnete Temperaturprofil direkt mit den Messdaten des entsprechenden Probanden abgeglichen werden. Sowohl qualitative als auch quantitative Abweichungen sind somit nachweisbar. Für den Transfer auf andere Klimazonen wird eine Außenlufttemperatur von 40 °C gewählt. Die Validierung der gemessenen Temperaturverteilungen aus dem Thermowindkanal gegenüber den Messergebnissen der Studie, wird mithilfe der Versuchsträger und Messtechnik der Probandenstudie realisiert.

4.3 Erweiterung um Elektrofahrzeuge

Die beschriebene Vorgehensweise ist auch in Bezug auf die Elektromobilität wichtig, da ihre Einsatzprofile – insbesondere die Temperaturkollektive im Motorraum – nicht mit denen von Verbrennungsmotorfahrzeugen übereinstimmen. Zur Überprüfung dieser These werden die Ergebnisse einer weiteren Probandenstudie mit einem Elektrofahrzeug und umfangreicher Messtechnik bei identischer Streckenführung und vergleichbarem Probandenkollektiv herangezogen. Bei dem Elektrofahrzeug handelt es sich um ein Großserien-Elektroauto, bei dem die Leistungselektronik und der Elektromotor vorne im Motorraum bzw. auf der Vorderachse sitzen. Trotz des unterschiedlichen Zeitraums der Durchführung der Studien, stimmen die Außentemperaturen bei einem Großteil der Messungen überein.

4.4 Ergebnisse

Die aufgezeichneten Messdaten der Probandenstudien und vom Thermowindkanal werden hinsichtlich der jeweiligen Fragestellung analysiert. Um die statistische Aussagekraft zu gewährleisten, müssen außerdem die bei der Wahl der Stichprobengröße getroffenen Annahmen verifiziert werden.

4.4.1 Verbrennungsmotorfahrzeuge

Durch die Position des Lenkungssteuergeräts in unmittelbarer Nähe zur Lenkung, herrschen in dessen Umgebung je nach Aufbau des Motorraums unterschiedliche Temperaturen. Diese Umgebungstemperaturen der E/E-Komponenten und -Baugruppen des Steuergeräts sind für die Bestimmung eines allgemeinen Temperaturprofils von entscheidender Bedeutung. Zur besseren Übersicht sind nachfolgend – wenn nicht anders angegeben – nur die Ergebnisse von Fahrzeug 1 der Probandenstudie dargestellt. Die entsprechenden Schaubilder von Fahrzeug 2 befinden sich im Anhang dieser Arbeit. Für eine beliebige Probandenfahrt mit Fahrzeug 1 sind die zeitlichen Verläufe der Temperaturen von der Umgebungsluft des Lenkungssteuergeräts (T_{ECU}) sowie die Temperaturen der Motorkühlflüssigkeit (T_{MOT}) und des Motoröls (T_{OEL}) im oberen Teil von Abbildung 4.5 dargestellt. In der unteren Grafik sind das Geschwindigkeitsprofil und das Motormoment derselben Testfahrt zu sehen.

Grundsätzlich lassen sich die Temperaturverläufe in drei Bereiche einteilen:

- Aufheizphase

- Quasi-stationärer Zustand

- Abkühlungsphase (häufig in Verbindung mit unterschiedlich ausgeprägtem Nachheiz-Verhalten)

Da bei der Probandenstudie die Messung mit dem Abstellen der Fahrzeuge beendet wurde, wird der dritte Bereich im weiteren Verlauf dieser Arbeit nicht betrachtet.

Auffällig sind in Abbildung 4.5 die hochfrequenten Schwankungen der Signale T_{ECU} und T_{MOT}. Anhand der zeitlichen Verläufe dieser Messpositionen kann gezeigt werden, dass die Spitzen der Lufttemperatur im Motorraum zeitgleich mit einem Abfall der Kühlflüssigkeitstemperatur stattfinden. Eine Erklärung für das Auftreten dieser Temperaturschwankung wird im Vorgang der Motorkühlung vermutet, wenn warmes Kühlwasser durch den Kühler gepumpt und die Lenkung durch den Fahrtwind kurzzeitig von heißer Luft angeblasen bzw.

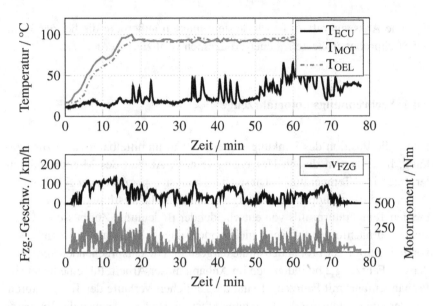

Abbildung 4.5: Zeitlicher Verlauf ausgewählter Messgrößen von Fahrzeug 1 (oben: Temperaturen, unten: Fahrzeuggeschwindigkeit und Motordrehmoment)

umgeben wird. Da diese Temperaturspitzen nur vorübergehend auftreten, findet im Inneren des Steuergeräts keine Erwärmung statt. Eine dauerhafte Erhöhung der Umgebungslufttemperatur führt jedoch zum Aufheizen der Elektronik. Zur besseren Darstellung der Temperaturverläufe beim Vergleich unterschiedlicher Messungen, werden diese transienten Temperaturspitzen durch ein Median-Filter beseitigt. Dazu wird jeder Punkt eines Temperatursignals durch den Median dieses Punktes und eine definierte Anzahl benachbarter Punkte ersetzt. Messwerte, die sich erheblich von ihrer Umgebung unterscheiden, werden verworfen. Gefilterte Temperaturverläufe sind in den Abbildungen mit dem Zusatz „medfilt" gekennzeichnet. Darüber hinaus wird im Text darauf hingewiesen.

Zusätzlich hängen die Temperaturschwankungen von den folgenden Faktoren ab:

- Außentemperatur (Klima, Wetter, Witterung)

- Betriebszustand (z. B. Beladung, Anhänger)

- Fahrprofil (z. B. Autobahn- / Überland- / Stadtfahrt, Steigung)

- Fahrstil (z. B. Bremsen / Beschleunigen, maximale Geschwindigkeit)

Die unterschiedlichen Fahrprofile und -stile erzeugen eine individuelle Verlust-leistung in mechanischen Einheiten, woraus charakteristische Temperaturver-läufe resultieren. An vergleichbaren Probandenfahrten (bzgl. Außentempera-tur, Verkehr) soll beispielhaft überprüft werden, ob die Fahrtrichtung bzw. die Fahrzeugkonditionierung die Messposition T_{ECU} beeinflussen. In Abbildung 4.6 sind für Fahrzeug 1 jeweils die gefilterte Umgebungslufttemperatur des Lenkungssteuergeräts für unterschiedliche Fahrtrichtungen bzw. Fahrzeugkon-ditionierungen dargestellt (jeweils zwei Fahrten). Die Temperaturverläufe der verglichenen Fahrten stimmen qualitativ in einigen Punkten überein, die quan-titativen Abweichungen bewegen sich zwischen 0 bis maximal 20 K. Die un-terschiedlichen Fahrtdauern ergeben sich aus den Verkehrsbehinderungen des Realverkehrs wie z. B. Staus, Ampelphasen usw. (vgl. auch Abbildung A.2 im Anhang).

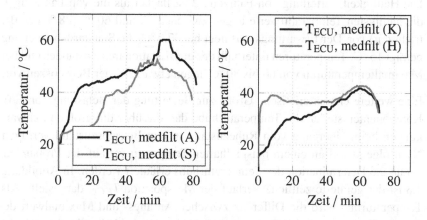

Abbildung 4.6: Vergleich der Temperaturverläufe (links: Variation der Fahrtrichtung, rechts: Variation der Fahrzeugkonditionierung)

Um mithilfe der Messdaten die Belastung von E/E-Komponenten im Motor-raum berechnen zu können, sind die zeitlichen Auftrittshäufigkeiten der ab-soluten Temperaturwerte an den entsprechenden Messpositionen erforderlich. Die Häufigkeit ist hierbei als akkumulierter Zeitwert bezogen auf den gesam-ten Messzeitraum zu verstehen. Unter Verwendung einer Histogrammdarstel-lung der Temperaturverläufe lassen sich die akkumulierten Häufigkeiten der

Umgebungstemperatur darstellen. In Abbildung 4.7 sind die Häufigkeitsverteilungen der Temperaturen aus allen Messfahrten für die drei Temperaturmess-
stellen aus Abbildung 4.5 (T_{ECU}, T_{MOT}, T_{OEL}) für beide Fahrzeuge dargestellt. Wie aus den Diagrammen zu erkennen ist, weist die Messstelle T_{ECU}
für beide Fahrzeuge jeweils eine Temperaturverteilung auf, die annähernd mit
einer Normalverteilung beschrieben werden kann. Es ist offensichtlich, dass,
obwohl die Motor- und Öltemperatur im quasi-stationären Zustand sehr hoch
sind, die Umgebungslufttemperatur des Lenkungssteuergeräts auf einem niedrigeren Niveau bleibt und nicht durch die Abstrahlung des Motors stark erwärmt wird. Ein wichtiger Grund dafür ist die konvektive Kühlwirkung des
Luftstroms durch den Motorraum.

Für Fahrzeug 1 kommen am häufigsten Temperaturwerte zwischen 20 und
50 °C vor und sie belaufen sich auf etwa 93 % der Betriebszeit. Daraus ergibt sich ein Erwartungswert von 40,4 °C mit einer Standardabweichung von
10,6 °C. Temperaturen unterhalb des quasi-stationären Zustandes und Maximaltemperaturen von 60 und 70 °C treten in etwa 7 % der Betriebszeit auf.
Die Häufigkeitsverteilung von Fahrzeug 2 ist flacher als die von Fahrzeug 1,
die häufigsten Temperaturwerte liegen zwischen 20 und 60 °C (88 % der Betriebszeit) vor. Der Erwartungswert liegt bei 37,9 °C, die Standardabweichung
beträgt 15 °C. Temperaturen unterhalb des quasi-stationären Zustandes und bei
Maximaltemperaturen von 60 bis 80 °C liegen etwa 12 % der Betriebszeit vor.

Eine weitere charakteristische Größe zur Bewertung der Belastung von E/E-
Komponenten stellen die Temperaturhübe dar, die über die größten Schwankungen beim Übergang vom Ruhezustand in den Betriebszustand verfügen.
Nachfolgend soll an einem beispielhaften Temperaturverlauf der Probandenstudie die Determination des Temperaturhubs erläutert werden. In Abbildung
4.8 ist der gefilterte zeitliche Verlauf der Messposition T_{ECU} dargestellt. Als
Temperaturhub wird die Differenz zwischen Anfangs- und Maximalwert definiert („Temperaturhub 1"). Je nach Verkehr und/oder Fahrstil sind mehrere
dieser lokalen Maxima in den Messdaten vorhanden. Ein weiteres lokales Tem-
peraturmaximum wird nur als Hub gewertet, wenn zwischen diesem und dem
darauffolgenden Maximum die Temperatur um mindestens 5 K abgenommen
hat („Temperaturhub 2"). Alle Temperaturhübe werden ausgehend vom selben
Anfangswert bestimmt, wodurch das Ergebnis als konservativ bezeichnet werden kann.

In Abbildung 4.9 sind die Temperaturdifferenzen zwischen Ruhe- und Betriebszustand an der Messposition T_{ECU} für beide Fahrzeuge der Probanden-

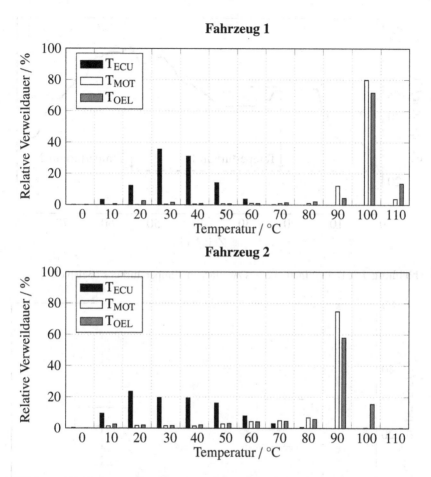

Abbildung 4.7: Temperaturhäufigkeitsverteilung an den drei Messpositionen T_{ECU}, T_{MOT}, T_{OEL} (oben: Fahrzeug 1, unten: Fahrzeug 2)

studie dargestellt. Es ist zu erkennen, dass am häufigsten ein Temperaturhub zwischen 20 und 30 K für Fahrzeug 1 bzw. zwischen 22 und 34 K für Fahrzeug 2 aufgetreten ist. Die größten Temperaturschwankungen ergeben sich aus dem Übergang vom Ruhe- in den Betriebszustand. Durch die unterschiedliche Vorkonditionierung der Fahrzeuge – Stellplatz in einer Fahrzeughalle (F1) bzw. draußen (F2) – sind die Ausreißer bzw. der größere Temperaturbereich von Fahrzeug 2 zu erklären. Des Weiteren korrelieren die Schwankungen im Temperaturhub nachweisbar mit der Verkehrsdichte, da beispielsweise beim Fahrzeugstillstand die kontinuierliche Durchströmung des Motorraums fehlt.

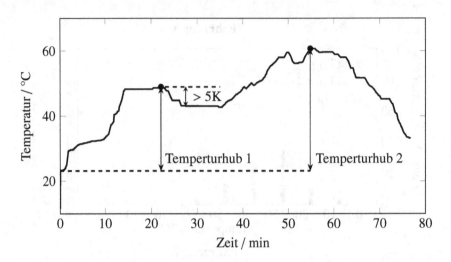

Abbildung 4.8: Determination eines zweifachen Temperaturhubs (Beispiel)

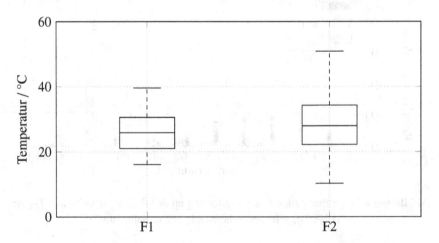

Abbildung 4.9: Temperaturhub der Messposition T_{ECU} (links: Fahrzeug 1, rechts: Fahrzeug 2)

Da die Wetterbedingungen nicht über alle Messfahrten exakt gleich sind, soll im Folgenden die Beziehung zwischen der Außentemperatur und der aufgetretenen Maximaltemperatur bei einer Messfahrt untersucht werden. In Abbildung 4.10 sind die einzelnen Messwertpaare aus den Messfahrten für Fahrzeug 1 dargestellt. Als Außentemperatur wird die Umgebungslufttemperatur T_{ECU} verwendet, die zu Beginn einer Messfahrt auftritt.

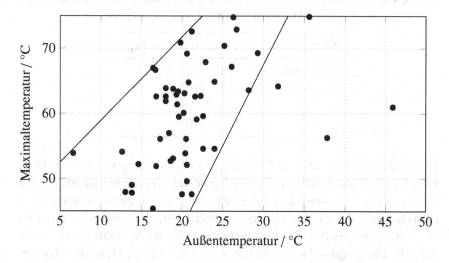

Abbildung 4.10: Verhältnis von Außentemperatur T_{AMB} zur Maximaltemperatur an der Messposition T_{ECU} (Fahrzeug 1)

Bei einem abgekühlten Fahrzeug entspricht dies ungefähr der Lufttemperatur; bei einer Heißfahrt manifestiert sich ein Offset gegenüber der Außentemperatur durch die Abstrahlung des Motors beim stehenden Fahrzeug. Aus dem Schaubild geht hervor, dass die Maximaltemperatur mit der Außentemperatur ansteigt, während die wärmere Außenluft die Kühlung im Motorraum erschwert. Die Streuung der Messwertpaare kann als Konsequenz der verschiedenen Randbedingungen (z. B. Fahrprofil, -stil) betrachtet werden, die in einem realen Fahrzeugbetrieb auftreten und trotz gleicher Umgebungsbedingungen unterschiedliche maximale Beanspruchungen bewirken.

Abschließend wird mit den Temperaturverhältnissen von Fahrzeug 1 eine Regressionsanalyse durchgeführt, deren Ergebnis in Tabelle 4.4 aufgelistet ist. Ein kleiner Korrelationskoeffizient von 0,41 und somit ein geringer, rein linearer Zusammenhang ergibt sich für die Temperaturverhältnisse in der Umgebung des Lenkungssteuergeräts. Die Regressionsgerade besitzt eine Steigung kleiner eins; das bedeutet, dass die Maximaltemperatur im Vergleich zur Außentemperatur weniger zunimmt. Das geringe Bestimmtheitsmaß von 0,17 verdeutlicht ebenfalls, dass die Außentemperatur nur einen geringen Beitrag zur Erklärung der Gesamtvariation leistet und eine Abhängigkeit von weiteren Einflussfaktoren besteht.

Tabelle 4.4: Regressionsanalyse des Zusammenhangs zwischen der Außentemperatur T_{AMB} und Maximaltemperatur $T_{ECU,max}$ (Fahrzeug 1)

Kenngröße	Messposition T_{ECU}
Korrelationsmaß	0,41
Bestimmtheitsmaß	0,17
m	0,5
b	49,9 °C

Es ist offensichtlich, dass die Verteilung von T_{ECU} aus den gezeigten Messfahrten immer im Zusammenhang mit dem mitteleuropäischen Klima, wie beispielsweise in Abbildung 4.11 für Stuttgart aufgezeigt, zu betrachten ist. Für entsprechende Messfahrten aus einem Heißland oder einer polaren Klimazone (siehe Abbildungen A.5, A.6 im Anhang), werden die Verteilungen ein verändertes Erscheinungsbild haben. In Abschnitt 4.4.3 sind die Messergebnisse aus dem Thermowindkanal (kurz TWK) bei 40 °C Außentemperatur für Heißländer dargestellt. Diese sind besonders wegen der maximalen Temperaturen von Interesse, während bei Messungen in der polaren Klimazone die Thematik der Temperaturhübe speziell beleuchtet werden kann. Letztere werden in dieser Arbeit nicht betrachtet.

4.4.2 Teststatistik

Die Determination belastbarer und statistisch signifikanter Ergebnisse setzt eine sorgfältige Untersuchungsplanung voraus. Die Forschungshypothese besagt, dass die Temperaturbelastung von E/E-Komponenten und -Baugruppen unter realen, repräsentativen Bedingungen geringer bzw. der Erwartungswert der Umgebungslufttemperatur des Lenkungssteuergeräts niedriger ist, als in Temperaturkollektiven zur Lebensdauerauslegung. Mit dieser Forschungshypothese kann der Ausgang der konkreten Untersuchung – z. B. der Probandenstudie – in Form der operationalen Hypothese prognostiziert werden, welche

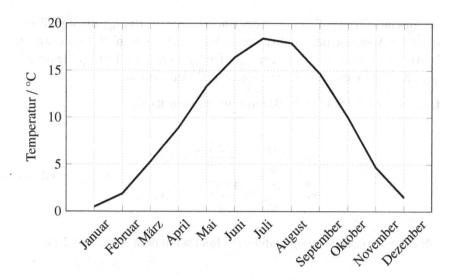

Abbildung 4.11: Tagesmitteltemperatur von Stuttgart [154]

aus der Untersuchungsplanung resultiert. Der statistische Signifikanztest wird im Anschluss ausgewählt und überprüft formal zwei einander ausschließende statistische Hypothesen [15]: die Nullhypothese (H_0) und die Alternativhypothese (H_1). Das statistische, gerichtete Hypothesenpaar lautet

$$H_0 : \mu_{OEM} - \mu_{PS1,2} \leq 0$$
$$H_1 : \mu_{OEM} - \mu_{PS1,2} > 0$$

Gl. 4.4

Darin sind μ_{OEM} der Populationsmittelwert aus der LV124 [83] und $\mu_{PS1,2}$ der Populationsmittelwert der Probandenstudie von Fahrzeug 1 bzw. Fahrzeug 2.

Die Bestimmung des Tabellenwerts t_{krit} erfolgt nach der Durchführung der Datenerhebung, da dieser von der Anzahl an Stichproben (hier Probanden) abhängt. Im vorliegenden Fall können die Daten aller 50 Versuchspersonen verwertet werden. Bei $\alpha = 0{,}05$ und einer einseitigen Fragestellung ist

$$t_{krit(df=49)} \approx t_{krit(df=40)} = 1{,}684.$$

Gl. 4.5

Im Anschluss erfolgt die Prüfung des empirischen t-Werts t_{emp} auf Signifikanz unter der Annahme der Nullhypothese. Wie bereits in Kapitel 2.3.3 erwähnt, ist das Ergebnis signifikant, wenn t_{emp} größer als t_{krit} ist. Ist t_{emp} kleiner als t_{krit}, hat der Unterschied keine statistische Bedeutsamkeit.

Die Streuung der Stichprobenkennwerteverteilung lautet:

$$\hat{\sigma}_{\bar{F}1} = \frac{\hat{\sigma}_{F1}}{\sqrt{N}} = \frac{10,58\,°C}{\sqrt{50}} = 1,5\,°C$$

$$\hat{\sigma}_{\bar{F}2} = \frac{\hat{\sigma}_{F2}}{\sqrt{N}} = \frac{14,97\,°C}{\sqrt{50}} = 2,11\,°C$$

Gl. 4.6

Für die empirische Mittelwertsdifferenz folgt somit nach Gleichung 2.11:

$$t_{emp,F1} = \frac{\bar{x} - \mu_0}{\hat{\sigma}_{\bar{x}}} = \frac{40,36\,°C - 54,85\,°C}{1,5\,°C} = -9,68 \qquad \text{Gl. 4.7}$$

Die Nullhypothese $\mu_{OEM} \leq \mu_{PS1,2}$ wird nun abgelehnt, wenn $t_{emp} < t_{krit} = -t(1-\alpha,n-1)$. Wegen $t_{emp,F1} = -9,68 < -1,68$ kann die Nullhypothese, dass der Erwartungswert aus LV124 geringer ist als die gemessenen Temperaturen von Fahrzeug 1 im Endkundenbetrieb (Probandenstudie), zum Signifikanzniveau $\alpha = 5\,\%$ abgelehnt werden. Der Mittelwert der Grundgesamtheit, geprüft anhand des Mittelwertes der Stichprobe, ist kleiner als der vorgegebene Wert in der Liefervorschrift. Für Fahrzeug 2 ergibt sich ein vergleichbares Ergebnis:

$$t_{emp,F2} = \frac{37,93\,°C - 54,85\,°C}{2,12\,°C} = -7,99 \qquad \text{Gl. 4.8}$$

Der Vergleich der Auftretenswahrscheinlichkeit P_{prob} der erzielten Mittelwertdifferenz zwischen dem Populationsmittelwert aus LV124 und den Vergleichsfahrten der Probandenstudie mit dem Signifikanzniveau α ist ebenfalls möglich. Bei Gültigkeit der Nullhypothese beträgt die Auftretenswahrscheinlichkeit für beide Fahrzeuge $< 10^{-11}\,\%$. Dies bestätigt ebenfalls, dass die Nullhypothese H_0 verworfen und die Alternativhypothese H_1 angenommen wird. Der durch die Probandenstudie gemessene Erwartungswert der Umgebungslufttemperatur um das Lenkungssteuergerät ist damit für beide Fahrzeuge auf dem $\alpha = 5\,\%$ Niveau signifikant.

Für das Effektstärkemaß gilt:

$$d_{F1} = \frac{\bar{x} - \mu_0}{\hat{\sigma}_{\bar{x}}} = \frac{t_{emp,F1}}{\sqrt{N}} = -1{,}3696$$

$$d_{F2} = -1{,}1303$$

Gl. 4.9

Bei den vorliegenden Ergebnissen der Probandenstudie handelt es sich für beide Fahrzeuge um einen ausgesprochen großen Effekt (Verbesserung um 1,3 Standardabweichungen).

Das Konfidenzintervall für den Erwartungswert der Umgebungslufttemperatur des Lenkungssteuergeräts folgt aus Gleichung 2.14 mit:

$$KI_{(100-\alpha)\%,F1} = \bar{x}_{F1} \pm t_{\alpha/2} \cdot \hat{\sigma}_{\bar{x}_{F1}}$$
$$= 40{,}4\,^\circ C \pm 2{,}021 \cdot 1{,}5\,^\circ C$$
$$= [37{,}3\,^\circ C; 43{,}4\,^\circ C]$$
$$KI_{(100-\alpha)\%,F2} = \bar{x}_{F2} \pm t_{\alpha/2} \cdot \hat{\sigma}_{\bar{x}_{F2}}$$
$$= 37{,}9\,^\circ C \pm 2{,}021 \cdot 2{,}1\,^\circ C$$
$$= [33{,}7\,^\circ C; 42{,}2\,^\circ C]$$

Gl. 4.10

4.4.3 Thermowindkanal

Im Gegensatz zu den Messfahrten auf der Straße werden die Ergebnisse der TWK-Untersuchungen über der Strecke dargestellt. Dies hängt damit zusammen, dass das vom Prüfstand benötigte Fahrprofil durch die Fahrwiderstände mit der Position auf dem Rundkurs zusammenhängt.

In Abbildung 4.12 sind die Temperaturen der Messposition T_{ECU} während der Probandenstudie (PS20K) und im Thermowindkanal (TWK20K) über der Strecke aufgetragen. Der Offset von 5 K zu Beginn der Messfahrten tritt in Folge der Vorkonditionierung des Fahrzeugs aufgrund der abweichenden Temperaturen in der Fahrzeughalle und im TWK auf. Mit Verlassen der Fahrzeughalle stimmen die Umgebungsbedingungen für beide Messungen wieder überein. Die Temperaturverläufe verfügen während der Probandenstudie (PS20K) und im TWK (TWK20K) über einen qualitativ identischen Verlauf mit einem Offset von ungefähr 5-10 K. Aufgrund der in Abschnitt 4.4.1 beschriebenen Temperaturspitzen kurzzeitig auch bis zu 30 K. Als Ursache für diesen Unterschied kann die Grenzschichtbildung am Prüfstand identifiziert werden. Allgemein wird mit der Grenzschichttheorie beschrieben, dass sich aufgrund der Haftbedingung an der Wand zwei Strömungsgebiete ausbilden. Der erste Bereich entsteht direkt an der Wand und wird Grenzschicht genannt. Die Geschwindigkeit an der Wand beträgt Null und nimmt mit wachsendem Abstand zu. Bei hinreichendem Abstand zur Wand kommt der zweite Strömungsbereich zustande, die sogenannte vollausgebildete Strömung; hier wird der Maximalwert der Luftgeschwindigkeit erreicht. Die Geschwindigkeit am Boden und an der Unterseite des Fahrzeugs ist Null, der Maximalwert der Luftgeschwindigkeit verläuft dazwischen (siehe Abbildung A.7 im Anhang). Durch den feststehenden Boden im Thermowindkanal erfolgt keine komplette Umströmung des Fahrzeugs, insbesondere im Unterbodenbereich – die Abluftführung aus dem Motorraum zurück in die Umströmung ist somit beeinträchtigt.

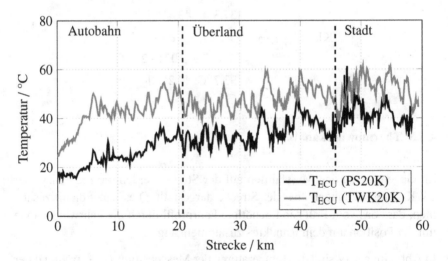

Abbildung 4.12: Vergleich des Temperaturverlaufs von Messposition T_{ECU} für Probandenstudie und Thermowindkanal (Fahrzeug 1)

Daraus folgt, dass bei gleicher Außentemperatur die Umgebungsluft T_{ECU} auf dem Prüfstand höher ist als auf der Straße. Das Temperaturkollektiv vom Thermowindkanal ist somit pessimistischer als im Endkundenbetrieb, was schlussendlich für die Übertragung auf andere Klimazonen als Vorteil gewertet werden kann und das Vorgehen bestätigt [152].

In Abbildung 4.13 sind die gefilterten Temperaturverläufe des Messsignals T_{ECU} von Fahrzeug 1 für die folgenden Fahrten, Außentemperaturen und Fahrzeugkonditionierungen aufgetragen:

PS20K: Probandenstudie, 20 °C Außentemperatur, Kaltfahrt

TWK20K: Thermowindkanal, 20 °C Außentemperatur, Kaltfahrt

TWK20H: Thermowindkanal, 20 °C Außentemperatur, Heißfahrt

TWK40K: Thermowindkanal, 40 °C Außentemperatur, Kaltfahrt

TWK40H1: Thermowindkanal, 40 °C Außentemperatur, 1. Heißfahrt

TWK40H2: Thermowindkanal, 40 °C Außentemperatur, 2. Heißfahrt

Aus dem Schaubild wird deutlich, dass für die Umgebungslufttemperatur des Lenkungssteuergeräts ein Grenzwert von ca. 85 °C besteht, der trotz zweifach durchgeführter Heißfahrt bei 40 °C Außentemperatur nicht überschritten wird. Unter identischen Bedingungen bezüglich des Geschwindigkeits- und Lastprofils wird keine stark ausgeprägte Erhöhung dieses Temperatursignals mehr erwartet.

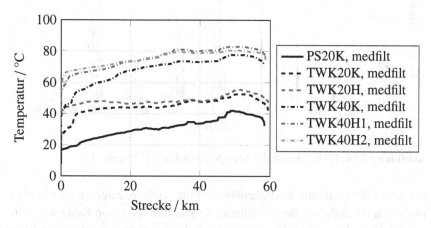

Abbildung 4.13: Vergleich des Temperaturverlaufs von Messposition T_{ECU} über alle Messungen (Fahrzeug 1)

Das gleiche Verhalten kann ebenfalls für die Messungen mit Fahrzeug 2 be-
obachtet werden (siehe Abbildung A.8 im Anhang). Besonders die gefilterten
Temperaturverläufe der Prüfstandmessungen bei 40 °C liegen sehr dicht beiein-
ander, wodurch eine weitere Erhöhung ebenfalls ausgeschlossen wird.

Abbildung 4.14 fasst die Temperaturverteilung für die Messstelle T_{ECU} für alle Messungen in Form eines Histogramms für Fahrzeug 1 zusammen. Dabei
entspricht die Messung PS20K der Referenzfahrt aus der Probandenstudie, deren Temperaturverlauf in Abbildungen 4.12 bzw. 4.13 (gefiltert) zu sehen ist.
Die Abbildung gibt damit eine Antwort auf die Fragestellung, wie sich die Außentemperatur T_{AMB} und die Fahrzeugkonditionierung auf das Temperaturkollektiv unmittelbar um das Lenkungssteuergerät auswirken. Mit zunehmender
Außentemperatur T_{AMB} bewegt sich das Temperaturkollektiv von T_{ECU} zu höheren Erwartungswerten, gleichzeitig verringert sich die Standardabweichung
und die Kollektive werden „schmaler".

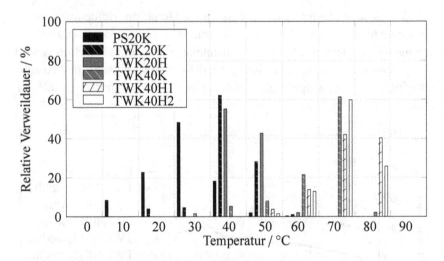

Abbildung 4.14: Histogramme der Messposition T_{ECU} (Fahrzeug 1)

Aufgrund der qualitativ ähnlichen Temperaturverläufe, zeigen auch die akkumulierten Häufigkeiten der Umgebungstemperatur T_{ECU} von Fahrzeug 2 eine
vergleichbare Verteilung. Die Unterschiede bezüglich der quantitativen Werte
ergeben sich aufgrund der unterschiedlichen Antriebskonfiguration.

4.4.4 Elektrofahrzeuge

Die Ergebnisse der Probandenstudie mit einem Serien-Elektrofahrzeug in Abbildung 4.15 verdeutlichen den Temperaturunterschied für die Umgebungsluft des Lenkungssteuergeräts. Dargestellt sind die Verläufe der Umgebungstemperatur des Lenkungssteuergeräts T_{ECU} des Elektrofahrzeugs (engl. electric vehicle, EV) im Vergleich zum Verbrennungsmotorfahrzeug 1 (F1) der vorausgegangenen Probandenstudie. Durch die unterschiedliche Vorkonditionierung der Fahrzeuge – Stellplatz in einer Fahrzeughalle (F1) bzw. draußen (EV) – kann der Offset zu Beginn der Messfahrten erklärt werden. Mit Verlassen der Fahrzeughalle stimmen die Umgebungsbedingungen für beide Messungen wieder überein. Es fällt auf, dass beim Elektrofahrzeug im Motorraum bzw. um das Lenkungssteuergerät keine hohe Temperaturentwicklung stattfindet. Der zeitliche Verlauf der Messposition T_{ECU} zeigt, dass sich das Temperatursignal erst bei der Fahrt durch die Stadt (letztes Drittel) geringfügig erhöht. Die unterschiedlichen Fahrtdauern lassen sich ebenfalls durch Verkehrsbehinderungen erklären.

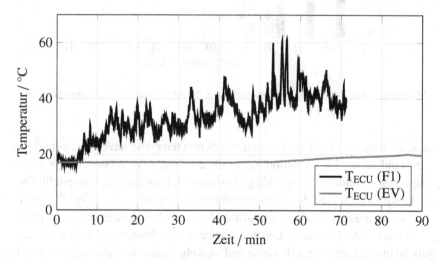

Abbildung 4.15: Zeitlicher Verlauf der Messposition T_{ECU} für Elektrofahrzeug (EV) und Verbrennungsmotorfahrzeug (F1)

In Abbildung 4.16 sind die akkumulierten Häufigkeiten der Umgebungstemperatur T_{ECU} aus allen Messfahrten für das Elektrofahrzeug und das Verbrennungsmotorfahrzeug 1 dargestellt. Auffällig ist, dass der Bereich des quasi-stationären Zustands beim Elektrofahrzeug bei niedrigeren Temperaturen liegt als beim Fahrzeug 1. Für das Elektrofahrzeug kommen am häufigsten Temperaturwerte zwischen 10 und 30 °C vor und belaufen sich auf etwa 88 % der Betriebszeit. Daraus ergibt sich ein Erwartungswert von 28,8 °C mit einer Standardabweichung von 9,5 K (unter Annahme einer Normalverteilung). Temperaturen geringer als der quasi-stationäre Zustand und bei Maximaltemperaturen von 40 °C liegen während 12 % der Betriebszeit vor.

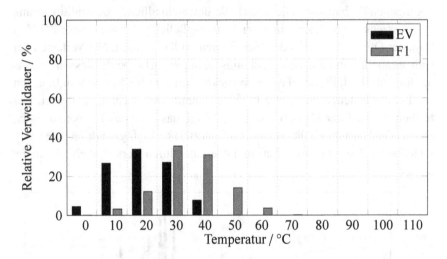

Abbildung 4.16: Verteilung der Temperaturen, Elektro- und Verbrennungsmotorfahrzeug F1

In Abbildung 4.17 sind die Temperaturdifferenzen zwischen Betriebs- und Ruhezustand an der Messposition T_{ECU} für die beiden Verbrennungsmotorfahrzeuge aus Abbildung 4.9 im Vergleich zum Elektrofahrzeug dargestellt. Der markante Unterschied des Temperaturhubs ist besonders auffällig. Die geringen Schwankungen des Temperaturhubs lassen sich einerseits durch die geringe Abwärme der Lenkungs-Leistungselektronik im Motorraum erklären; weitgehend unabhängig von Fahrweise und Verkehr liefert die Leistungselektronik nur einen sehr kleinen Abwärmebeitrag im Vergleich zum Fahrzeugantrieb und erwärmt sich auch nur in geringem Maß gegenüber seiner Umgebung. Andererseits findet in vielen Situationen, in denen der Fahrzeugantrieb eine höhere dominierende Verlustwärme erzeugt (z. B. bei höherer Geschwindigkeit), als gegenläufiger Effekt eine bessere Belüftung des Motorraumes statt.

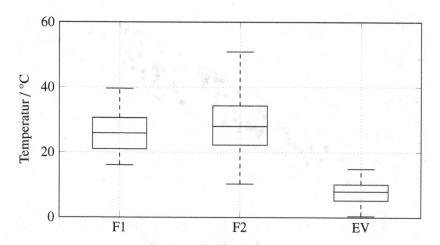

Abbildung 4.17: Temperaturhub der Messposition T_{ECU} (F1: Fahrzeug 1, F2: Fahrzeug 2, EV: Elektrofahrzeug)

Da im Gegensatz zu den Verbrennungsmotorfahrzeugen beim untersuchten Elektrofahrzeug keine starke Wärmeentwicklung im Motorraum stattfindet (s. Abbildungen 4.15, 4.16 und 4.17), ist eine Unterscheidung zwischen Kalt- und Heißfahrt nicht notwendig. Folglich kann ein starker Zusammenhang zwischen Außentemperatur T_{AMB} und der Maximaltemperatur von T_{ECU} in Abbildung 4.18 nachgewiesen werden. Die eingezeichnete Ober- und Untergrenze verlaufen fast parallel und die Streuung der Messwertpaare ist minimal.

Mit den Temperaturverhältnissen des Elektrofahrzeugs wird ebenfalls eine Regressionsanalyse durchgeführt, deren Ergebnis in Tabelle 4.5 aufgelistet ist. Im Gegensatz zum Verbrennungsmotorfahrzeug, sind beim Elektrofahrzeug die Start- und Maximaltemperatur von T_{ECU} durch einen hohen Korrelationskoeffizienten von 0,94 gekennzeichnet. Somit ergibt sich ein starker rein linearer Zusammenhang für die Temperaturverhältnisse in der Umgebung des Lenkungssteuergeräts. Die Regressionsgerade besitzt eine Steigung größer eins; das bedeutet, dass die Maximaltemperatur im Vergleich zur Außentemperatur stärker zunimmt. Das hohe Bestimmtheitsmaß von 0,88 verdeutlicht noch einmal den starken Einfluss der Außentemperatur auf die Maximaltemperatur.

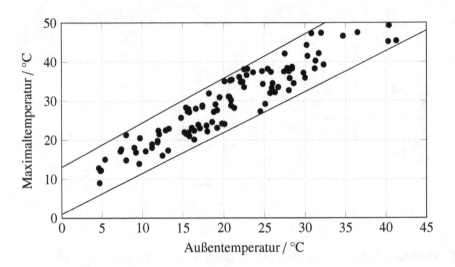

Abbildung 4.18: Verhältnis von Außentemperatur zur Maximaltemperatur an der Messposition T_{ECU} (Elektrofahrzeug)

Tabelle 4.5: Regressionsanalyse des Zusammenhangs zwischen der Umgebungs- und Maximaltemperatur für das Elektrofahrzeug

Kenngröße	Messposition T_{ECU}
Korrelationsmaß	0,94
Bestimmtheitsmaß	0,88
m	1,05
b	8 °C

4.4.5 Allgemeines Temperaturprofil

Die Bestimmung eines allgemeinen, weltweit gültigen Temperaturprofils der Messposition T_{ECU} für die Berechnung von Ausfallraten, erfordert neben verschiedenen Kollektiven der Umgebungslufttemperatur des Lenkungssteuergeräts auch die Berücksichtigung der Marktdurchdringung (Verteilung) der Fahrzeuge mit der entsprechenden Lenkung. Wichtig ist hierbei, dass es sich nicht um das Temperaturprofil zur Auslegung des Lenkungssteuergeräts bzw. der Bauteile handelt (z. B. für Dauerlaufmessungen o. ä.), sondern ausschließlich die durchschnittliche Temperaturbelastung der elektromechanischen Lenkung im Motorraum im Endkundenbetrieb.

Das erarbeitete Vorgehen zur Extrapolation der Ergebnisse auf andere Klimazonen und die Determination eines allgemeinen Temperaturprofils, soll im Folgenden theoretisch vorgestellt werden. Für die Gewinnung eines weltweit gültigen Temperaturprofils für die Umgebungsluft des Lenkungssteuergeräts werden drei Einflussgrößen identifiziert:

1. Verteilung der Fahrzeuge / Lenkung in verschiedenen Märkten

2. Verteilung der Außentemperatur auf der Welt / in bestimmten Märkten

3. Verteilung der Umgebungsluft des Lenkungssteuergeräts in Abhängigkeit von verschiedenen Außentemperaturen

Die Verwendung wissenschaftlicher Veröffentlichungen und statistisch abgesicherter Daten, garantieren einerseits die Belastbarkeit der Ergebnisse und lassen andererseits die Übertragbarkeit in andere (Kunden-)Projekte zu. Ausgehend von den Anteilen bestimmter Märkte (Einflussgröße 1), erhalten die länderspezifischen Temperaturprofile der Außentemperatur T_{AMB} (Einflussgröße 2) eine entsprechende Gewichtung. Für das weltweit gültige Temperaturprofil von T_{ECU} werden diese gewichteten Temperaturmittel mit den entsprechenden Temperaturkollektiven der Umgebungslufttemperatur (Einflussgröße 3) verknüpft. Um einen Sicherheitsfaktor für Heißländer zu berücksichtigen, kann das Temperaturkollektiv bei 40 °C Außentemperatur beispielsweise mit dem Faktor 0,25 (die Subtropen[2] umfassen ca. 25 % der Erdoberfläche) erneut hinzugerechnet werden.

Es gilt zu beachten, dass das verwendete Fahrprofil sehr spezifisch für Deutschland ist (u. a. Autobahnanteil ohne Geschwindigkeitsbegrenzung) und daher nur eingeschränkt auf andere Märkte übertragbar ist. Eine Analyse der Mobilität in ausgewählten Ländern wird vorausgesetzt, um die Ergebnisse auf die Nutzungsprofile in anderen Märkten zu übertragen. Denn wie bereits gezeigt wurde, sind elektronische Bauelemente und Systeme im Fahrzeug, je nach Infrastruktur, Nutzerprofilen (Geschwindigkeitsverteilung, Anteil an Stadt / Überland / Autobahn) usw., unterschiedlichen Belastungen ausgesetzt.

---

[2]Die Subtropen gehören zu den Klimazonen der Erde und liegen in der geographischen Breite zwischen den Tropen in Äquatorrichtung und den gemäßigten Zonen in Richtung der Pole, ungefähr zwischen 25 und 40 Grad nördlicher bzw. südlicher Breite. Diese Gebiete haben typischerweise tropische Sommer und nicht-tropische Winter. Mitteltemperatur >20-35 °C, Maximaltemperatur: 66 °C (z. B. Libyen, Iran, Death Valley)

4.5 Zusammenfassung

Die vorgestellte Methode ermöglicht die Bestimmung der Temperaturbelastung von E/E-Komponenten und -Baugruppen an einem definierten Punkt oder
Bereich im Motorraum im deutschen Endkundenbetrieb, mit der Erweiterungs-
möglichkeit für wärmere Märkte. Mithilfe einer repräsentativen Probandenstudie können belastbare Aussagen für mitteleuropäisches Klima erzeugt werden.
Die Messergebnisse von zwei Verbrennungsmotorfahrzeugen und einem Elektrofahrzeug zeigen, dass sich die Temperaturprofile im Endkundenbetrieb deutlich und statistisch nachweisbar von Temperaturkollektiven zur Lebensdauerauslegung unterscheiden.

Für die Prüfstandsversuche im Thermowindkanal werden unter Berücksichtigung der Daten der Probandenstudie ein Fahrzyklus und ein Fahrbahnprofil
festgelegt. Für die Validierung der Messdaten aus dem Thermowindkanal wird
eine Lufttemperatur von 20 °C festgelegt, für die Untersuchungen zum Transfer auf andere Klimazonen eine Lufttemperatur von 40 °C. Der Vergleich von
Straßenfahrt und Prüfstandsmessung der Verbrennungsmotorfahrzeuge zeigt,
dass sich zwar die Umgebungslufttemperaturen des Lenkungssteuergeräts um
ca. 5-10 K in Folge der Grenzschichtbildung am Prüfstand unterscheiden, dies
jedoch gleichzeitig als Vorteil der Methode gewertet werden kann.

Auf Basis der hier vorgestellten Methode, kann der Fahrzyklus auch für andere Fahrzeuge verwendet werden. Aufgrund der individuellen Bauraumsituation
und Luftströmungsgegebenheiten ist es erforderlich, die repräsentativen Temperaturkollektive im Motorraum für verschiedene Fahrzeugtypen und -konfi-
gurationen zu erzeugen. Je mehr Fahrzeuge dabei vermessen werden, desto
genauer lassen sich für verschiedene Bauteile oder auch Fahrzeugklassen Hüll-
kurven für die gemessenen Temperaturkollektive erzeugen. Daraus können Bereiche abgelesen werden, in denen die Temperaturkollektive für neue Fahrzeuge mit vergleichbaren Randbedingungen zu erwarten sind.

Für den Transfer der Messergebnisse auf die Nutzungsprofile in anderen Märkten, sind eine Analyse der Mobilität in ausgewählten Ländern und die Bewertung des Einflusses auf das Temperaturkollektiv erforderlich. Durch Charakterisierung von Parallelen bzw. Unterschieden zu den ursprünglichen Parametern
(Fahrerkollektiv, Fahrzeug, Strecke), wird mit der Methode eine repräsentative
thermische Beanspruchung von Elektronikkomponenten im marktunabhängi-
gen Endkundenbetrieb erreicht.

5 Methode für felddatenbasierte Ausfallraten

In diesem Kapitel wird eine Methode zur Berechnung der Ausfallrate von E/E-Systemen in Kraftfahrzeugen basierend auf den Felddaten vorgestellt. Durch die Anwendung der vielseitigen Weibullverteilung können sowohl Frühausfälle, konstante Fehlerraten sowie Ausfälle aufgrund von Ermüdung beschrieben werden – eine geplante Verallgemeinerung für den universellen Einsatz der Methode. Zunächst werden Felddaten allgemein und die verschiedenen Möglichkeiten zur Felddatenerfassung dargestellt. Anschließend werden die theoretischen Grundlagen der Methode erläutert. Die Güte der Methode wird mithilfe einer Simulationsstudie an einem synthetischen Beispiel untersucht und abschließend werden zusätzliche Möglichkeiten zur Erweiterung des Modells dargestellt.

5.1 Felddaten

Bedingt durch die zahlreichen Einsatzmöglichkeiten von Felddaten, wie beispielsweise der Planung, Entwicklung, Erprobung und Nutzung neuer Produkte [155] als auch deren Qualitätsmanagement [156], ergibt sich eine Vielzahl an Definitionen des Begriffs. Unterschieden wird unter anderem zwischen reinen Ausfall- und Zensierungsdaten [22], Ausfällen und den zugehörigen Fehlerumgebungsdaten [157] sowie umfängliche Informationen zur Produktnutzung, die sowohl das Gebrauchsverhalten als auch das Fehlergeschehen wiedergeben [155]. Felddaten stellen somit das tatsächliche Leistungsvermögen einer Komponente in seiner realen Betriebsumgebung dar [74]. Im Vergleich zu Labordaten liefern Felddaten zuverlässigere Informationen über die Lebensdauerverteilung, da sie tatsächliche Nutzungsprofile und die kombinierten Umweltbelastungen erfassen, die im Labor schwer zu simulieren sind [158, 159]. Dies setzt allerdings voraus, dass die Ausfallbeschreibungen und Auswirkungen professionell und aussagekräftig dokumentiert sind. Durch die Verfolgung der Ausfallrate von Produkten im Feld kann ein Hersteller Probleme schnell erkennen und zeitnah Produktfehler beseitigen.

© Springer Fachmedien Wiesbaden GmbH, ein Teil von Springer Nature 2019
U. Weinrich, *Methoden zur Bestimmung der Ausfallraten von elektrischen und elektronischen Systemen am Beispiel der Lenkungselektronik*, Wissenschaftliche Reihe Fahrzeugtechnik Universität Stuttgart, https://doi.org/10.1007/978-3-658-25463-6_5

Rechtlich gesehen erfüllt die Erfassung von Felddaten während der gesamten Produktlebensdauer die Produktbeobachtungspflicht des Herstellers, also das Verfolgen des Produktes im Markt und seiner Bewährung in der praktischen Verwendung nach dessen Inverkehrbringen. In § 5 Abs. 1 Satz 2 des Geräte- und Produktsicherheitsgesetzes (GPSG) wird dem Hersteller von sogenannten Verbraucherprodukten die Verpflichtung zu einer aktiven Produktbeobachtung durch Ziehung von Stichproben und Führen eines sogenannten Beschwerdebuchs auferlegt. Daraus ergibt sich eine Bedeutung im Sinne der Produkthaftung für die Zuverlässigkeit eines Produkts. In Deutschland wird die vertragliche Produkthaftung bei Rechtsgutsverletzungen, die durch Inverkehrgabe eines nicht sicheren Produktes entstehen, folgendermaßen unterschieden: Produkthaftung nach § 1 des Produkthaftungsgesetzes (ProdHaftG) und Produzentenhaftung nach § 823 des Bürgerlichen Gesetzbuchs (BGB). Für die Identifikation von sicherheitskritischen Ausfällen und deren Belastungskollektiv resultieren daraus Anforderungen an die Erfassung von Felddaten und deren Eignung für zielgerichtete Zuverlässigkeitsanalysen.

5.1.1 Felddatenerfassung

Im Allgemeinen lassen sich bei der Analyse von Felddaten zwei Fälle unterscheiden: Während in der Gewährleistungszeit relativ vollständige Produktdaten vorliegen, lassen sich für den Nachgewährleistungszeitraum häufig nur schwer aussagefähige Daten ermitteln, da ein Rückfluss der Daten nur eingeschränkt erfolgt. Somit stehen für die Analyse des Feldverhaltens fast ausschließlich Daten aus einem Zeitraum zur Verfügung, der sich überwiegend auf ein bis zwei Jahre beschränkt.

Im Folgenden sollen unterschiedliche Methoden zur Erfassung von Zuverlässigkeitsdaten, die während der regulären Produktnutzung durch den Endkunden entstehen, dargestellt werden. Die Datenquellen werden anhand ihrer Eignung zur Eruierung des Ausfallverhaltens, des Kundenverhaltens und der Umweltbedingungen in drei Gruppen eingeteilt.

Öffentliche Statistiken

Die erste Gruppe umfasst die allgemeinen Informationen, wie sie beispielsweise Methoden der Marktforschung liefern. Wurde die Datenerhebung nicht speziell beauftragt, sind unter Umständen keine Hersteller-spezifischen Informationen enthalten.

Zur aktiven Datensammlung gehören die gezielte, regelmäßige und umfassende **Befragung** von ausgewählten Großkunden, Händlern oder Reparaturbetrieben. Möglich ist auch eine direkte Befragung von Endkunden durch eigene Erhebungen, um die Zufriedenheit mit den Produkten, Verbesserungsansätze oder Ideen zukünftiger Produkte zu erfassen. Die Angaben zur Produktzuverlässigkeit sind meist sehr allgemein und ungeeignet zur Ableitung von quantitativen Zuverlässigkeitsdaten. Ebenso fehlen wichtige Betriebs- und Umgebungsbedingungen, die Hinweise auf das Einsatzprofil der Produkte geben. Folglich eignen sich Kundenbefragungen im Allgemeinen nur zur Identifikation, welche Produkte häufig Ausfälle aufweisen. Andererseits sind technische Hotlines in der Lage, komplexe Fehlerbilder zu erfassen, insbesondere jene, die schwer zu diagnostizieren sind sowie bislang unbekannte Fehlerbilder. Da eine derartige Erfassung von Ausfalldaten allerdings nur auf eine geringe Anzahl von Fällen beschränkt ist und aufgrund der unbekannten Grundgesamtheit keine Quantifizierung möglich ist, eignet sich diese Datenquelle nur als Indikator möglicher gehäufter Produktausfälle.

Öffentliche Statistiken, wie beispielsweise die Pannenhäufigkeit von Fahrzeugen, sind analog zu den Kundenbefragungen zu bewerten. Sie dienen vorrangig zur Bestimmung der Kundenzufriedenheit, können darüber hinaus auf der Ebene von Systemen Aufschluss über die Ausfallwahrscheinlichkeit wiedergeben. So lassen sich wiederum mögliche Fehlerbilder und Schwachpunkte von Produkten ermitteln. Zu den geeigneten Quellen zählen beispielsweise [8]:

- Behörden und amtliche Stellen

- Statistiken des Kraftfahrtbundesamtes

- Daten der Bundesanstalt für Straßenwesen

- Datensammlungen der Versicherungsträger

- Ergebnisse der regelmäßigen Fahrzeugüberprüfungen durch TÜV, DEKRA, usw.

- Berichte und Pannenstatistiken der Automobilvereine

- Informationsdienste einzelner Firmen

- Publikationen in Zeitungen und Zeitschriften

Gewährleistungs- und Kulanzdaten

Daten aus der Gewährleistungs- und Kulanzdatenerfassung inkl. den Werkstätten und dem Servicebereich werden der zweiten Gruppe zugeordnet. Im Gegensatz zu den allgemeinen Informationen aus dem Bereich der Marktforschung, sind die aufgezeichneten Informationen auf firmeninterne Produkte begrenzt.

Ist ein Produkt gemäß der Definition der Richtlinie 1994/44/EG (Verbrauchsgüterkaufrichtlinie) bzw. 2011/83/EU (Verbraucherrechte-Richtlinie) mangelhaft, so regeln gesetzliche Grundlagen die Dauer und den Umfang von entsprechenden Leistungen durch den Hersteller. Das Reklamationsmanagement von **Gewährleistungs- und Kulanzfällen** (G&K) dient damit sowohl der Erfüllung von rechtlichen Ansprüchen als auch der Erhaltung der Kundenzufriedenheit. Ausfalldaten werden normalerweise nur in den ersten beiden Nutzungsjahren erfasst, vereinzelt kommen Kulanzfälle älterer Produkte hinzu. Folglich würde eine Extrapolation dieser zeitlich beschränkten Daten eine inkorrekte Prognose der Produktzuverlässigkeit nach sich ziehen. Darüber hinaus werden nur Daten ausgefallener Produkte erfasst (Negativstichprobe). Die nach Ablauf der Gewährleistungsdauer erfassten Kulanzfälle, bieten meist hilfreiche Informationen zur Identifikation von Fehlerursachen, die die Gewährleistungsdaten (noch) nicht beinhalten. Quantitative Zuverlässigkeitsanalysen sind damit allerdings nicht möglich. Werden keine Daten zu Belastungen erfasst, sind Aussagen bezüglich der Zusammenhänge zwischen Ausfallursachen und Betriebs- bzw. Umgebungsbedingungen sehr eingeschränkt. Trotz dieser aufgezeigten Ungenauigkeiten stellen die Gewährleistungs- und Kulanzdaten eine der bedeutendsten Felddatenquellen dar.

Werkstätten begleiten die Produktnutzung normalerweise während der gesamten Lebensdauer, da neben der Reparatur von ausgefallenen Produkten auch Inspektionen und Wartungen durchgeführt werden. Infolgedessen lassen sich Zuverlässigkeitsdaten über ausgefallene und intakte Produkte über die gesamte Produktlebensdauer sammeln. Die Qualität der dabei erfassten Daten ist sehr stark von der Produktkompetenz der Werkstätten abhängig, aber auch von der Vorgabe der zu erfassenden Daten und der bereitgestellten Analysemittel. Durch den direkten Kontakt zum Produktnutzer besteht die Möglichkeit, Gebrauchsgewohnheiten und damit die Belastungen der Produkte während der Nutzung zu identifizieren. Durch diese Verknüpfung von Personen- und Fahrzeug-/ Belastungsdaten sind jedoch Datenschutzaspekte zu berücksichtigen.

Datenerfassung am Produkt

Die Produkte selbst können ebenfalls eine Quelle für Felddaten sein, sofern sie mit geeigneter Sensorik und Speichertechnik ausgestattet sind. Die **direkte Datenerfassung** am Produkt wird in [14] als die automatische Aufzeichung von Zuverlässigkeits- und/oder Belastungsdaten bezeichnet – durch das Produkt selbst oder mithilfe weiterer Komponenten. Wird die Datenübertragung vom Produkt zum Unternehmen automatisiert, können Erfassungs- und Übertragungsfehler weitgehend verhindert werden und eine sehr schnelle Verfügbarkeit der Daten im Unternehmen wird ermöglicht. Zusammen mit der Identifikation der aufzuzeichnenden Datenelemente müssen die Aufzeichnungsgenauigkeit und -häufigkeit festgelegt und Verfahren zur Datenklassierung bestimmt werden. Die technischen und finanziellen Möglichkeiten haben dabei einen entscheidenden Einfluss auf die zur Verfügung stehende Rechen- und Speicherleistung für eine Datenklassierung.

Hat der Fahrer ein Problem mit seinem Fahrzeug oder besucht er seinen Händler für eine Routineinspektion, werden in der Werkstatt neben Log-Dateien, Fehlerprotokollen und Fehlerumgebungsdaten der Steuergeräte die gesammelten Daten ausgelesen, zur (Fehler-)Diagnose genutzt und für die Felddatenanalyse in einer Datenbank abgelegt. Eine erhebliche Verbesserung dieses Prozesses kann mit der Fernüberwachung der On-Board Diagnose (engl. remote on-board diagnostics) erzielt werden [160–162]. Hierbei werden die Fahrzeugdaten an eine zentrale Stelle übertragen und eine kontinuierliche Fahrzeugdiagnose, insbesondere der Abgasemissionen, durchgeführt. Wichtig ist an dieser Stelle die Abgrenzung zur Gruppe der G&K-Daten, deren Datenbasis ausschließlich Informationen der ausgefallenen Produkte enthält, während Felddaten dieser Gruppe sowohl Diagnose- als auch Nutzungsdaten enthalten.

Mit der steigenden Konnektivität und Digitalisierung konnte der Zugriff auf Fahrzeuge und Fahrzeugdaten noch einmal entscheidend vereinfacht werden.

Fahrzeuge werden zu Datenerzeugern, die mithilfe von Telematik-Systemen[1] Informationen an OEMs, Versicherungen und weitere Dienstleister [163–166] übertragen, die dem Kunden beispielsweise per Smartphone-App ausgewählte Daten zur Verfügung stellen [167–169]. Durch Festlegung der zu übertragenden Messwerte, ihrer Auflösung und Übertragungshäufigkeit, lassen sich die für Analysen benötigten Felddaten bedarfsgerecht generieren.

5.1.2 Datenschutz

Die Produktbeobachtungspflicht des ProdHaftG rechtfertigt jedoch keine uneingeschränkte Erfassung von Felddaten, wenngleich diese im Sinne der Umfeldbeobachtung und zur Durchführung von Zuverlässigkeitsanalysen erhoben werden. Mit steigendem Grad an Genauigkeit und Umfang der Datenerfassung – insbesondere im Endkundengebrauch – ergeben sich zusätzlich Anforderungen aus dem Datenschutzgesetz. Der Datenschutz und die Datensicherheit sind in Deutschland durch die allgemeinen Regelungen im Bundesdatenschutzgesetz (BDSG) geregelt[2], bei Nutzung einer im Auto eingebauten Mobilfunkkarte oder bei Nutzung von Online-Diensten im Fahrzeug gelten außerdem das Telekommunikationsgesetz bzw. das Telemediengesetz.

Felddaten sind Kundendaten, oft sogar personenbezogene Daten, da sie in aller Regel über eine große Aussagekraft über das Verbrauchsverhalten des Kunden verfügen. Geschützt sind nach § 3 Abs. 1 Satz 1 BDSG diese personenbezogenen Daten, also alle „Einzelangaben über persönliche oder sachliche Verhältnisse einer bestimmten oder bestimmbaren natürlichen Person" [170]. Darüber hinaus muss sichergestellt sein, dass auch durch weitere verfügbare oder potenziell verfügbare Informationsquellen kein Bezug zu Personen – und sei es auch nur über Umwege – hergestellt werden kann. Lässt sich aus den Daten ein Eigentümer, Halter oder Fahrer ermitteln, ist das Datenschutzrecht anwendbar.

---

[1]Telematik setzt sich aus den Begriffen Telekommunikation und Informatik zusammen und beschreibt die Verknüpfung mindestens zweier Informationssysteme mittels eines Telekommunikationssystems und eines Datenverarbeitungsprogramms.
[2]Seit dem 25.05.2018 gilt in Europa außerdem die Datenschutz-Grundverordnung (DSGVO).

5.1.3 Fazit

Die sinnvolle Auswahl einer oder mehrerer Datenquellen sollte immer unter Berücksichtigung der Aufgabenstellung innerhalb der gegebenen Rahmenbedingungen durchgeführt werden. Hierzu gehören beispielsweise der akzeptable Aufwand für die Erfassung der Felddaten und der mögliche Zugang zu den verschiedenen Datenquellen (insbesondere bei der Gruppe der öffentlichen Statistiken). Gute Daten sind wertvoll und verursachen durchaus nennenswerte Kosten. Das Management der Feldbeobachtung erfordert Personalaufwand, der den eingesparten Garantie- und Kulanzkosten gegenüber zu stellen ist. Insbesondere Datenquellen mit einem hohen Nutzen können einen beträchtlichen Aufwand verursachen, wie [14] beispielsweise für die direkte Datenerfassung am Produkt aufgezeigt hat. Auf Grundlage von Felddaten lassen sich die realen Nutzungsbedingungen von E/E-Systemen im Automobil und die daraus resultierende Zuverlässigkeit am besten darstellen. Sie bilden damit eine wertvolle Ressource für belastbare Zuverlässigkeitsvorhersagen und Fehlerratenberechnungen.

Der Vorschlag für eine realistische Vorhersage der Ausfallrate setzt daher auf die Integration einer breiten Wissensbasis. Genutzt werden sollen vor allem Daten, die bereits an verschiedenen Stellen im Unternehmen erhoben und verarbeitet werden. Nur durch diese Kombination von verschiedenen Datenquellen kann eine sinnvolle Datenbasis für Zuverlässigkeitsanalysen geschaffen werden.

5.2 Methode

In diesem Unterkapitel erfolgt die detaillierte Erläuterung der Methode zur Berechnung der Ausfallrate auf Basis von Felddaten, welche sowohl ausgefallene als auch nicht ausgefallene Komponenten enthalten können. Abbildung 5.1 zeigt schematisch die Vorgehensweise der Bayes-Inferenz zur Bestimmung der Verteilung eines Parameters, woraus der Wert der Größe genauer geschätzt werden kann.

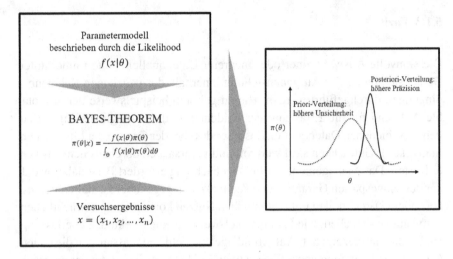

Abbildung 5.1: Schematische Darstellung der Bayes-Inferenz

Methoden der Bayes'schen Statistik bieten die Möglichkeit, Zuverlässigkeits-analysen durchzuführen, selbst wenn die Anzahl an nicht ausgefallenen Bauteilen höher ist als die der ausgefallenen oder gar keine Fehlerdaten aufgezeichnet wurden [171–174]. Daten nicht ausgefallener Komponenten beinhalten daher ebenfalls sehr wichtige Informationen bezüglich der Zuverlässigkeit.

Die Ausfallrate kann unter Verwendung der Beziehung in Gleichung 5.1 aus der Ausfalldichte berechnet werden:

$$h(t) = \frac{f(t)}{\int_t^\infty f(\tau)d\tau} \qquad \text{Gl. 5.1}$$

Da die tatsächliche Ausfallwahrscheinlichkeitsverteilung des Produktes nicht bekannt ist, führt dies wiederum zu einer Unsicherheit bezüglich der Ausfall-rate. Diese Unsicherheit macht es erforderlich, ein Wahrscheinlichkeitsvertei-lungsmodell für die Ausfallrate zu entwickeln, das sich auf die Daten stützt:

$$h(t|Daten) = \frac{f(t|Daten)}{\int_t^\infty f(\tau|Daten)d\tau} \qquad \text{Gl. 5.2}$$

Da das exakte Fehlerverteilungsmodell der Komponente unbekannt ist, kann alternativ die Form der Wahrscheinlichkeitsverteilung entwickelt und verifiziert werden – beispielsweise durch eine technische Analyse der möglichen Fehlermodi oder durch Verwendung eines allgemeinen Wahrscheinlichkeitsmodells [175]. Dieses Parametermodell basiert jedoch auf den unbekannten Parametern θ, die die genaue Gestalt der Fehlerverteilung bestimmen und wird mit $f(t|\theta)$ ausgedrückt. Auf der Grundlage dieses Parametermodells kann mithilfe der Daten eine Wahrscheinlichkeitsverteilung für den Modellparameter θ, $f(\theta|Daten)$ entwickelt werden. Zur Berechnung der Ausfallrate wird jedoch $f(t|Daten)$ benötigt, nicht $f(t|\theta)$ bzw. $f(\theta|Daten)$. Das Wahrscheinlichkeitsmodell für t, welches ausschließlich auf den Daten beruht, wird mithilfe der Bayes'schen Dichteschätzung bestimmt [176, 177]:

$$f(t|Daten) = \int f(t|\theta)f(\theta|Daten)d\theta \qquad \text{Gl. 5.3}$$

$f(\theta|Daten)$ kann mithilfe des Bayes'schen Gesetzes (vgl. Gleichung 2.54) durch die Proportionalität

$$f(\theta|Daten) \propto f(Daten|\theta)f(\theta) \qquad \text{Gl. 5.4}$$

bestimmt werden. $f(Daten|\theta)$ ist die Likelihood-Funktion der Daten, also die Wahrscheinlichkeitsverteilung für die Daten, wenn der Modellparameter θ gegeben ist. Wenn sich die Daten nur aus Ausfällen zusammensetzen, ist diese Likelihood identisch zu jener in der Maximum-Likelihood-Schätzung. Die zusätzliche Nutzung der Daten nicht ausgefallener Komponenten in der Likelihood ist ein entscheidender Vorteil der Bayes-Statistik [178, 179]. Da die Daten, also Fehler- und Überlebensdaten des Produktes, unabhängig sind, ist diese Wahrscheinlichkeitsfunktion unter Verwendung der Form des Fehlerverteilungsmodells $f(t|\theta)$ ausdrückbar (vgl. [30, 180–183]):

$$f(Daten|\theta) \propto \left[\prod_{i=1}^{M} f(t_{f_i}|\theta) \right] \left[\prod_{j=1}^{N} \int_{t_{s_j}}^{\infty} f(\tau|\theta)d\tau \right] \qquad \text{Gl. 5.5}$$

Einfügen von Gleichung 5.5 in Gleichung 5.4 führt somit zu

$$f(\theta|Daten) \propto \left[\prod_{i=1}^{M} f(t_{f_i}|\theta) \right] \left[\prod_{j=1}^{N} \int_{t_{s_j}}^{\infty} f(\tau|\theta)d\tau \right] f(\theta) \qquad \text{Gl. 5.6}$$

Eingesetzt in Gleichung 5.3 folgt

$$f(t|Daten) \propto \int f(t|\theta) \left[\prod_{i=1}^{M} f(t_{f_i}|\theta) \right] \left[\prod_{j=1}^{N} \int_{t_{s_j}}^{\infty} f(\tau|\theta)d\tau \right] f(\theta)d\theta \qquad \text{Gl. 5.7}$$

Der letzte Term $f(\theta)$ in Gleichung 5.4 ist die Priori-Dichte, also die Wahrscheinlichkeitsdichte des Modellparameters θ. Die Priori-Dichte wird ausgewählt, um Wissen bzw. Unkenntnis von θ vor der Beobachtung der Daten zu modellieren. Auf die verschiedenen Verteilungen für die Priori-Dichtefunktion wurde bereits in Kapitel 2.6.4 eingegangen, die für das synthetische Beispiel genutzten Priori-Verteilungen sind in Kapitel 5.3 dargestellt.

Für das Parametermodell der Fehlerverteilung, $f(t|\theta)$, muss eine Wahrscheinlichkeitsverteilung gewählt werden, die die zugrundeliegende Fehlerphysik repräsentiert und die beobachteten Daten erzeugen würde. Durch ihre Fähigkeit, alle drei Verläufe der Ausfallrate in der Badewannenkurve, die während einer Produktlebensdauer durchlaufen werden, darzustellen, ist die Weibullverteilung die wichtigste statistische Verteilung für die Beschreibung von Ausfallwahrscheinlichkeiten im technischen Bereich. Darüber hinaus eignet sich die Weibullverteilung bereits bei einer sehr geringen Anzahl an Stichproben, um präzise Fehleranalysen durchzuführen [184]:

$$f(t) = \frac{\beta}{\alpha} \cdot \left(\frac{t - t_0}{\alpha} \right)^{\beta-1} e^{-\left(\frac{t-t_0}{\alpha} \right)^{\beta}} \qquad \text{Gl. 5.8}$$

Für das Fehlerverteilungsmodell in Gleichung 5.6 wird die Weibullverteilung mit $t_0 = 0$ angenommen, da Ausfälle jederzeit stattfinden können – auch direkt nach Inbetriebnahme. Da die beiden Parameter α, β als stochastisch unabhängig angenommen werden, lässt sich die gemeinsame Priori-Dichte als Produkt der beiden Dichtefunktionen schreiben:

$$f(\alpha,\beta) \propto f(\alpha)f(\beta) \qquad \text{Gl. 5.9}$$

Damit folgt für das Wahrscheinlichkeitsmodell für t aus Gleichung 5.3 die Ausfalldichte auf Basis der Daten:

$$f(t|Daten) \propto \int_0^\infty \int_0^\infty \left[\frac{\beta}{\alpha} \cdot \left(\frac{t}{\alpha}\right)^{\beta-1} e^{-\left(\frac{t}{\alpha}\right)^\beta} \right] \cdot$$

$$\left[\prod_{i=1}^M \frac{\beta}{\alpha} \cdot \left(\frac{t_{f_i}}{\alpha}\right)^{\beta-1} e^{-\left(\frac{t_{f_i}}{\alpha}\right)^\beta} \right] \cdot \left[\prod_{j=1}^N e^{-\left(\frac{t_{s_j}}{\alpha}\right)^\beta} \right] f(\alpha)f(\beta)d\alpha d\beta$$

Gl. 5.10

Für die Wahrscheinlichkeitsverteilung in Gleichung 5.7 liegen keine analytischen Lösungen vor, damit ist Gleichung 5.10 eindeutig nicht analytisch lösbar. Zur Näherung des Integrals müssen daher numerische Methoden herangezogen werden. Da Monte-Carlo-Methoden jedoch Stichproben von stetigen Wahrscheinlichkeitsverteilungsmodellen (z. B. Gauß, Gleichverteilung, Gamma) erfordern [173], versagen auch die klassischen Approximationstechniken bei Posteriori-Dichten aus Gleichung 5.6. Zur Durchführung der Berechnungen werden daher Markov-Ketten-Monte-Carlo-Verfahren (kurz MCMC) angewandt. Mithilfe der Markov-Kette werden approximativ Beobachtungen von der Posteriori-Verteilung erzeugt. Auf Basis einer großen Zahl von Stichproben der Gleichung 5.10 ist es möglich, sehr genaue Annäherungen der gewünschten Parameter zu schätzen.

Benötigte Größen (Minimalanforderung)

Zur Umsetzung der Kombination von Ausfallraten auf Basis von Felddaten und Fahrzeugnutzungs- bzw. Statusdaten der Lenkung werden die folgenden Größen unmittelbar für die Bayes-Statistik benötigt:

- **Betriebsdauer** (in Stunden) oder

- **Laufleistung** (in Kilometern)

- **Status der Lenkung** (in Ordnung / nicht in Ordnung).

Die Betriebsdauer[3] bzw. Laufleistung zusammen mit dem System-Status bilden die beobachteten Daten, die zusammen mit der Priori-Dichtefunktion in

---

[3]Im Gegensatz zur Einsatzdauer eines Kraftfahrzeugs beschreibt die Betriebsdauer die Zeit, „in der die Steuergeräte unter Spannung stehen" [185].

die Posteriori-Dichtefunktion überführt werden (vgl. Gleichung 5.10). In Abhängigkeit von der Darstellungsform, die für die Lebensdauerverteilung gewählt wurde (zeit- oder kilometerabhängig), wird eine der beiden Größen für die Bayes'sche Analyse herangezogen. Dadurch entfällt die Umrechnung von Zeit in Strecke oder umgekehrt auf Basis der jährlichen Fahrleistungsverteilung, die bei normalem Einsatz von Fahrzeugtyp, Motorisierung usw. abhängt [8].

Werden Fahrzeuge mehrfach ausgelesen, liegen zu einem bestimmten Fahrzeug mehrere Datensätze in der Datenbank vor – die Beobachtungen sind somit nicht mehr eindeutig. Für die Nutzung der Feld- bzw. Diagnosedaten in der Bayes-Statistik muss folglich sichergestellt werden, dass jeweils nur der letzte Eintrag eines Fahrzeugs genutzt werden kann. Als eineindeutige Kennzeichnung eignet sich beispielsweise die **Fahrzeugidentifikationsnummer**, was aber zu datenschutzrechtlichen Problemen führen kann. Ersatzweise empfiehlt sich die Nutzung eines anonymisierten Schlüssels, der keine Rückschlüsse auf das Fahrzeug bzw. seinen Halter zulässt.

Mit dem **Temperaturkollektiv** lassen sich Rückschlüsse auf das Einsatzprofil des jeweiligen Fahrzeugs bzw. der Lenkung ziehen. Dies ermöglicht zum einen die Überprüfung getroffener Annahmen für das betrachtete Projekt, als auch die Akkumulation von belastbaren Daten für zukünftige Projekte.

5.3 Praktischer Nachweis

Im Folgenden wird eine Simulationsstudie mit synthetisch generierten Daten durchgeführt, um die Performance der Bayes-Statistik in Verbindung mit den gewählten Priori-Verteilungen zu untersuchen. Die Ergebnisse auf Basis von zwei verschiedenen Priori-Verteilungen der Weibullparameter (Gamma- und Jeffreys Priori) sowie zwei Datenbasen werden untersucht.

5.3.1 OpenBUGS

Zur numerischen Lösung des Integrals in Gleichung 5.10 wird das Computerprogramm OpenBUGS [186] verwendet. Das BUGS-Projekt (Bayesian inference Using Gibbs Sampling) wurde 1989 unter der Leitung von David Spiegelhalter und Andrew Thomas in der Biostatistik-Abteilung des Medical Research Council (Cambridge) ins Leben gerufen [59]. Das Programm wurde entwickelt, um Bayes'sche Analysen komplexer statistischer Modelle mit MCMC-Methoden durchzuführen. Der Benutzer gibt ein statistisches Modell und Startwerte an und stellt, abhängig von der Anwendung, einige Daten bereit. BUGS findet selbstständig eine geeignete MCMC-Methode heraus, abhängig von der gewünschten Ausgabe. Die Auswahl an Modelltypen, die in WinBUGS angepasst werden können, ist sehr groß. Eine Vielzahl von linearen und nichtlinearen Modellen, einschließlich des Standardsatzes von verallgemeinerten linearen Modellen, räumlichen Modellen und latenten Variablenmodellen, können angepasst werden. Außerdem sind eine Reihe von Priori-Verteilungen mit Standard-Voreinstellungen verfügbar. Darüber hinaus verfügt OpenBUGS über integrierte Methoden zum Umgang mit zensierten Beobachtungen. [187]

5.3.2 Wahl der Priori-Verteilungen

In vielen Fällen sind der Formparameter β als auch der Skalierungsparameter α nicht als einzelne Werte bekannt – vielmehr können es mehrere Werte, ein Bereich oder eine Verteilung sein. Die Parameter werden somit als Zufallsvariablen betrachtet, für die jeweils eine Priori-Dichtefunktion festgelegt werden muss. Im Allgemeinen gibt es aber keine universelle Vorgehensweise, mit der das Vorwissen über eine Zufallsvariable im Prior $\pi(\theta)$ für jede beliebige Analyse festgelegt wird. Dabei gibt es durchaus verschiedene Ansätze zur Bildung von Priori-Dichten. Die Verteilung der Zufallsvariablen kann basierend auf Daten von Zuverlässigkeitstests, Expertenmeinungen oder Feld-/Gewährleistungsdaten bestimmt werden.

Da für die Parameter der Weibullverteilung (α, β) keine gemeinsame konjugierte Prioridichtefunktion existiert [52], gibt es eine Vielzahl an Veröffentlichungen mit unterschiedlichen Interpretationen der Parametereigenschaften und daraus gefolgerte Priori-Dichten. Zu den bereits eingesetzten Kombinationen von Priori-Verteilungen gehören unter anderem:

- Diskrete Verteilung für den Formparameter β, kontinuierliche Verteilung für den Skalenparameter α (siehe [188])

- Kontinuierliche Prioriverteilungen für beide Parameter (z. B. Gleichverteilung für β, Inverse Gammaverteilung für α) in [189]

- Gammaverteilung für beide Parameter [190–192]

- Jeffreys Priori für beide Parameter [40, 173, 174, 178, 193]

- Weitere Verteilungen in [194]

Nachfolgend werden die zwei Varianten von Priori-Dichten für die Zufallsvariablen (α, β) dargestellt, deren Einfluss auf die Schätzung der Parameter und damit auch die Ausfallrate untersucht werden soll.

Gamma-Priori

Für die Bayes'sche Inferenz müssen für die Priori-Verteilungen der unbekannten Parameter Annahmen getroffen werden. Die Gammaverteilung gehört zu den wichtigsten Priori-Verteilungen [195], weshalb sie häufig für die Parameterschätzung eingesetzt wird (siehe Beispiele oben). Die Gammaverteilung ist eine kontinuierliche Wahrscheinlichkeitsverteilung über der Menge der positiven reellen Zahlen. Aus ihr können viele Distributionen abgeleitet werden. So ist die Gammaverteilung einerseits eine direkte Verallgemeinerung der Exponentialverteilung und andererseits eine Verallgemeinerung der Erlang-Verteilung für nichtganzzahlige Parameter. Da beide Parameter nur positive Werte annehmen können und unter der Annahme, dass die Zufallsvariablen stochastisch unabhängig sind, lässt sich ihre gemeinsame Priori-Dichte als Produkt der beiden Dichtefunktionen schreiben:

$$\pi(\alpha,\beta) = \pi(\alpha) \cdot \pi(\beta) \qquad\qquad \text{Gl. 5.11}$$

Daraus folgt für die einzelnen Parameter:

$$\begin{aligned}\pi(\alpha) &\propto G(p_\alpha,q_\alpha)\\[4pt]\pi(\beta) &\propto G(p_\beta,q_\beta)\end{aligned} \qquad\qquad \text{Gl. 5.12}$$

p_α, q_α, p_β, q_β sind die Parameter der Gammaverteilung (Hyperparameter); die Auswahl der Werte hängt im Allgemeinen von der geplanten Anwendung ab.

Jeffreys Priori

Der Bayes-Ansatz nutzt, neben dem Vorwissen bezüglich der Zufallsvariablen, die zur Verfügung stehenden Daten. Ist kein oder nur wenig Vorwissen hinsichtlich der Parameter vorhanden, werden nichtinformative Dichten benutzt. Diese Wahrscheinlichkeitsdichten liefern die geringstmögliche Information bezüglich der Parameter und sichern somit eine maximale Objektivität für die statistische Inferenz des Posteriori-Modells [173]. Für die zweite Variante wird der sogenannte Jeffreys Priori eingesetzt, der als die Quadratwurzel der Determinante der Fisher-Information definiert ist (vgl. Gleichung 2.58). Für die beiden Parameter der Weibullverteilung α, β ergibt sich die Priori-Verteilung aus der Lösung von

$$|I(\alpha,\beta)| := -E \begin{vmatrix} \partial^2 \ln f(t|\alpha,\beta)/\partial\alpha^2 & \partial^2 \ln f(t|\alpha,\beta)/\partial\alpha\partial\beta \\ \partial^2 \ln f(t|\alpha,\beta)/\partial\beta\partial\alpha & \partial^2 \ln f(t|\alpha,\beta)/\partial\beta^2 \end{vmatrix}, \quad \text{Gl. 5.13}$$

welche proportional zu $(1/\alpha\beta)^2$ ist. Für die Zufallsvariablen folgt somit unter der Annahme der stochastischen Unabhängigkeit der Zufallsvariablen:

$$\pi(\alpha) \propto \frac{1}{\alpha}$$
$$\pi(\beta) \propto \frac{1}{\beta}$$

Gl. 5.14

5.3.3 Datenbasis

Zur Untersuchung der Performance der klassischen und Bayes'schen Schätzmethoden wird eine Simulationsstudie durchgeführt: Mithilfe von MATLAB werden zwei synthetische Datensätze von nichtzensierten und zensierten Ausfalldaten erzeugt (die sogenannten „beobachteten Daten"), mit denen die Parameter-Schätzungen durchgeführt werden sollen. Der Vorteil dieses Vorgehens besteht in der Kontrollmöglichkeit der geschätzten Parameter α, β der Weibullverteilung. Der Skalenparameter α besitzt dieselbe Einheit wie die Ausfallzeiten t (vgl. Kapitel 2.4.2) und hat Einfluss auf die Position und „Ausdehnung" (Breite und Höhe) der Kurve der Wahrscheinlichkeitsdichte. Der Formparameter β beschreibt die Steigung der Linie in einem Wahrscheinlichkeitsdiagramm.

Unterschiedliche Werte des Formparameters können deutliche Auswirkungen auf das Verhalten der Verteilung haben. Einige Werte des Formparameters können dazu führen, dass sich die Verteilungsgleichungen auf diejenigen anderer Verteilungen reduzieren. Nachfolgend sind die Werte der Weibullparameter für den synthetischen Datensatz zur Generierung der nichtzensierten Ausfallzeiten notiert:

$$\alpha = 8500\,\text{h}$$
$$\beta = 1{,}07$$

Gl. 5.15

In Abbildung 5.2 sind 400 synthetisch generierte Betriebszeiten zum Zeitpunkt des Ausfalls logarithmisch aufgetragen.

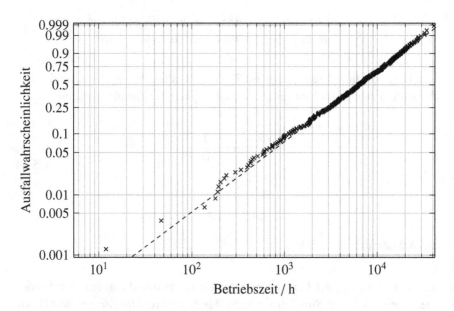

Abbildung 5.2: Ausfallzeiten

Wie bereits in Kapitel 5.2 erwähnt, liegt ein Vorteil der Bayes-Inferenz gegenüber konventionellen Parameterschätzmethoden im Umgang mit zensierten Ausfalldaten. Für eine Komponente im Feld umfasst dies Informationen (Betriebszeit, Laufleistung) von nicht ausgefallenen Produkten aus der Werkstatt- und/oder Telematik-Datenerfassung. Für eine realistische Bestimmung der Ausfallrate ist die Verwendung der genannten Informationen unverzichtbar. Der zweite Datensatz wird aus diesem Grund um die Betriebszeit in Stunden von nicht ausgefallenen Produkten erweitert. Meyna und Pauli nehmen in [35, 36, 185, 196] „in Übereinstimmung mit den Modellen des VDA" eine Lognormalverteilung zur Beschreibung der jährlichen Fahrleistung an, die sich für verschiedene Fahrzeugmarken und -modelle unterscheidet. Analog zur Fahrleistung soll im Folgenden auch die Verteilung der Betriebszeit als logarithmisch-normalverteilt angenommen werden. Der Erwartungswert bzw. das 50 % Quantil sind wie folgt festgelegt:

$$E(T) = e^{\mu + \frac{\sigma^2}{2}} = 633\,\text{h}$$
$$T_{50} = e^{\mu} = 527\,\text{h}$$

Gl. 5.16

Der synthetische Datensatz der Betriebszeit-Verteilung wird mit der Lognormalverteilung aus Gleichung 5.17 generiert:

$$T \sim LN(\mu; \sigma^2) \sim LN(6{,}2672; 0{,}6054^2)$$

Gl. 5.17

In Abbildung 5.3 sind die synthetisch generierten Betriebszeiten der funktionierenden Komponenten zusammen mit den Ausfällen aus Abbildung 5.2 logarithmisch aufgetragen.

5.3.4 Ergebnis

Im Rahmen dieser Arbeit wird zur Untersuchung der Performance der Bayes-Statistik in der Zuverlässigkeitstechnik eine Simulationsstudie mit den oben dargestellten Randbedingungen durchgeführt. Die Software OpenBUGS wird mit den entsprechenden Anfangsbedingungen initialisiert und berechnet die Bayes-Schätzungen inklusive der Kredibilitätsintervalle für die gesuchten Parameter. Zu Vergleichszwecken werden die Weibullparameter zusätzlich mit der Maximum-Likelihood-Methode geschätzt, da sie zu den bekanntesten Methoden zur Ermittlung der Parameter gehört [8].

Insgesamt werden fünf Datensätze von Ausfallzeiten auf Basis der Weibullparameter aus Gleichung 5.15 mit unterschiedlichen Stichprobengrößen ($n = 25, 50, 100, 200, 400$) erzeugt, um die Güte der drei Parameterschätzmethoden

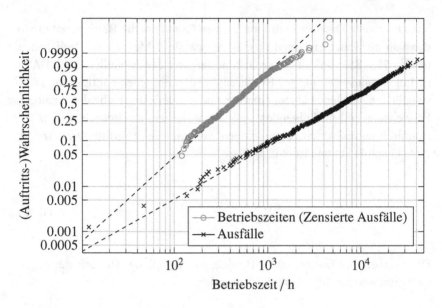

Abbildung 5.3: Ausfall- und Betriebszeiten

in Abhängigkeit der Datenbasis zu analysieren. Mithilfe des Markov-Ketten-Monte-Carlo-Verfahrens werden die fünf Datensätze verarbeitet und jeweils 20.000 Stichproben der gemeinsamen Wahrscheinlichkeitsverteilung der beiden Zufallsvariablen α, β (MCMC-Samples) erzeugt. Abbildung 5.4 zeigt diese Samples bei Verwendung von 25 (links) bzw. 400 Ausfallzeiten (rechts) mit Gamma-Priori. Es ist offensichtlich, dass sich mit zunehmender Stichprobengröße an Ausfallzeiten die Wahrscheinlichkeitsverteilung der beiden Zufallsvariablen um die Werte der ursprünglichen Weibullparameter konzentrieren.

Die Ergebnisse der Parameterschätzungen des Weibullparameters α zusammen mit den Kredibilitätsintervallen basierend auf der Maximum-Likelihood-Methode (engl. maximum likelihood estimation, MLE) und der Bayes-Statistik mit beiden Priori-Verteilungen sind in Abbildung 5.5 dargestellt. Die waagerechte Linie ($\cdots$) zeigt den Wert von α zur Erzeugung der synthetischen Datensätze an. Die entsprechenden Ergebnisse für den Formfaktor β sind im Anhang in Abbildung A.10 zu finden. Aus den Simulationsergebnissen ist ersichtlich, dass die Güte der in der Simulationsstudie berücksichtigten Schätzmethoden mit ansteigender Stichprobengröße zunimmt. Es wird deutlich, dass die Bayes-Schätzung mit Gamma-Priori im Vergleich zur Variante mit Jeffreys Priori

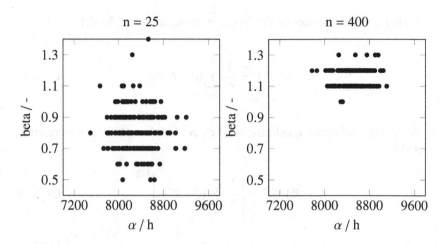

Abbildung 5.4: Erzeugte MCMC-Samples in Abhängigkeit von der Stichprobenzahl (links: *n* = 25, rechts: *n* = 400)

oder der Maximum-Likelihood-Schätzung für den Skalenparameter α präzisere Werte (d. h. geringste Differenz, schmalstes Kredibilitätsintervall) liefert.

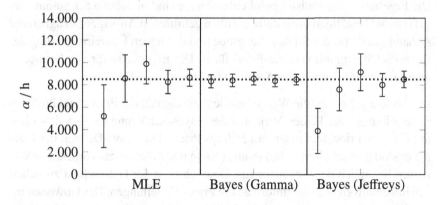

Abbildung 5.5: Parameterschätzungen mit Kredibilitätsintervallen für Weibullparameter α)

Zur quantitativen Analyse der Prognosegenauigkeit der gewählten Schätzmethoden, werden die folgenden drei Genauigkeitsmetriken herangezogen:

1. Mittlerer Quadratischer Fehler (engl. mean square error, MSE)

$$MSE = \frac{1}{N} \sum_{i=1}^{N} (\theta - \theta^*)^2 \qquad \text{Gl. 5.18}$$

2. Wurzel des mittleren quadratischen Fehlers (engl. root mean square error, RMSE)

$$RMSE = \left[\frac{1}{N} \sum_{i=1}^{N} (\theta - \theta^*)^2 \right]^{1/2} \qquad \text{Gl. 5.19}$$

3. Mittlerer absoluter Fehler (engl. mean absolute percentage error, MAPE)

$$MAPE = \frac{1}{N} \sum_{i=1}^{N} \left| \frac{\theta - \theta^*}{\theta} \right| \cdot 100\,\% \qquad \text{Gl. 5.20}$$

Die Ergebnisse der statistischen Fehleranalyse sind in Tabelle 5.1 zusammengefasst und bestätigen quantitativ die oben getroffenen Aussagen bezüglich der Abhängigkeit von der Stichprobengröße und der hohen Übereinstimmung der Bayes-Schätzung mit Gamma-Priori für α. Die Ergebnisse für den Formparameter β sind im Anhang der Arbeit zu finden.

In Abbildung 5.6 sind die Wahrscheinlichkeitsdichten der Priori- und Posteriori-Verteilungen der beiden Varianten der Bayes-Schätzung dargestellt – oben mit Gamma-Priori und unten mit Jeffreys Priori. Die Priori-Dichten der Parameter sind gestrichelt mit Markierung (−•−) und drücken das vorhandene Vorwissen bezüglich der Parameter aus. Deutlich wird der Unterschied zwischen den informativen und nichtinformativen Priori-Verteilungen: Das Unwissen bezüglich der Parameter α, β wird mithilfe der waagerechten Priori-Verteilung abgebildet, während es für die Parameter mit Gamma-verteilter Priori-Dichte bereits Vorwissen gibt. Die Posteriori-Dichten sind das Ergebnis nach Anwendung der Bayes'schen Formel unter Berücksichtigung der beobachteten Daten. Die Wahrscheinlichkeitsdichte der Weibullparameter ist mit der Zusammenführung des Wissens näher an die ursprünglichen Werte (vgl. 5.15) herangerückt und präferiert diese gegenüber der ursprünglichen Verteilung (d. h. geringere Ausbreitung der Kurve, höherer Maximalwert).

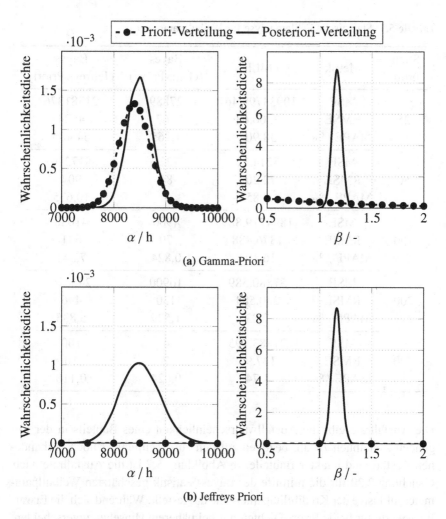

(a) Gamma-Priori

(b) Jeffreys Priori

Abbildung 5.6: Verteilung der Parameter α (links) bzw. β (rechts) vor / nach dem Beobachten von Daten

Tabelle 5.1: Statistische Fehleranalyse für Weibullparameter α

Stich-probe	Metrik	MLE	Bayes (Gam.-Priori)	Bayes (Jeffreys Priori)
25	MSE	10933799,467	27889	21381376
	RMSE	3306,63	167	4624
	MAPE / %	38,902	1,965	54,400
50	MSE	5214,21	7225	817216
	RMSE	72,209	85	904
	MAPE / %	0,85	1	10,635
100	MSE	1894719,889	4900	41088
	RMSE	1376,488	70	641
	MAPE / %	16,194	0,824	7,541
200	MSE	57880,589	16900	246016
	RMSE	240,584	130	496
	MAPE / %	2,83	1,529	5,835
400	MSE	21883,195	4	100
	RMSE	147,93	2	10
	MAPE / %	1,74	0,024	0,118

Die Ausfallrate gibt die Ausfallwahrscheinlichkeit eines Bauteils in der folgenden Zeiteinheit Δt an, bezogen auf den zum Zeitpunkt t noch vorhandenen Restbestand intakter Bauteile. In Abbildung 5.7 ist die Ausfallrate nach Gleichung 2.20 für die mithilfe der Bayes-Statistik geschätzten Weibullparameter inklusive der Kredibilitätsintervalle dargestellt. Während sich die Erwartungswerte für beide Priori-Dichten nur bei näherem Hinsehen unterscheiden, sind die Abweichungen der 95 % Kredibilitätsintervalle etwas deutlicher. Für die geschätzte Ausfallrate mit Gamma-Priori liegen die Grenzen im Bereich zwischen 2.000 und 6.000 Stunden sichtbar enger am Erwartungswert als mit Jeffreys Priori.

Die Weibullverteilung ist – wie andere Verteilungen – eine Kurve bzw. Gleichung und keine Metrik für sich. Um auf Basis der dargestellten Ergebnisse Entscheidungen treffen zu können, sind messbare Ziele sehr hilfreich. In [197] wird die durchschnittliche Fehlerrate zur Basis der FIT-Rate (engl. average fai-

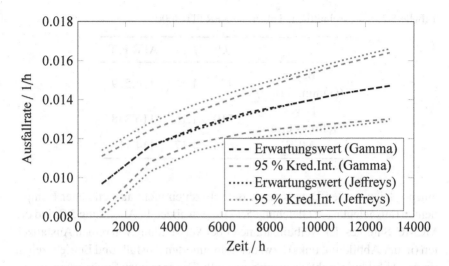

Abbildung 5.7: Ausfallrate und Kredibilitätsintervalle mit Gamma-Priori (−−) und Jeffreys Priori (· · ·)

lure rate FIT, AFR FIT) zwischen angegebenen Start- und Endzeiten mithilfe der Zuverlässigkeit $R(t)$ der Weibullverteilung wie folgt berechnet:

$$\text{AFR FIT}(t_{start}, t_{ende}) = 10^9 \cdot \frac{\ln R(t_{start}) - \ln R(t_{ende})}{t_{ende} - t_{start}} \qquad \text{Gl. 5.21}$$

Diese Rate beschreibt eine einzelne Zahl, die als Spezifikation oder Ziel für die Populationsausfallrate über das Intervall (t_{start}, t_{ende}) verwendet werden kann. Ist $t_{start} = 0$, kann der Ausdruck entfallen.

Für die aus den Ausfallzeiten (vgl. Abbildung 5.2, $n = 400$) geschätzten Parameter α, β der Weibullverteilung sind in Tabelle 5.2 jeweils die durchschnittlichen Fehlerraten AFR FIT(8.000) zusammengestellt. Aufgrund der Überschätzung der Maximum-Likelihood-Methode kommt es zu einer deutlich geringeren durchschnittlichen Fehlerrate, was für sicherheitskritische Anwendungen einen Nachteil darstellt.

Abschließend soll gezeigt werden, welchen Einfluss die Berücksichtigung von Betriebszeiten nicht ausgefallener Komponenten auf die Posteriori-Verteilungen der Weibullparameter ausübt. Die Bayes'sche Statistik wird dazu auf einen Datensatz, bestehend aus den oben dargestellten Ausfallzeiten ($n = 400$) und

Tabelle 5.2: Durchschnittliche Fehlerrate AFR FIT(8000)

	α / h	β / -	AFR FIT
Bayes (Gamma-Priori)	8498	1,16	116.529
Bayes (Jeffreys Priori)	8510	1,16	116.338
MLE	8648	1,17	114.113

einem gleich großen Datensatz an Betriebszeiten nicht ausgefallener Komponenten (ausgelegt nach Gleichung 5.17) angewendet. In Abbildung 5.8 sind die MCMC-Samples der Weibullparameter bei Verwendung von reinen Ausfallzeiten (in der Abbildung links) bzw. der kombinierten Ausfall- und Betriebszeiten (in der Abbildung rechts) gegenübergestellt. Die erzeugten Stichproben der gemeinsamen Wahrscheinlichkeitsverteilungen der beiden Zufallsvariablen α, β weisen für beide Datensätze eine vergleichbare Streuung auf. Der Mittelpunkt der MCMC-Samples aus dem kombinierten Datensatz liegt jedoch bei 8.700 h / 1,25 im Vergleich zu 8.500 h / 1,15 auf Basis der reinen Ausfalldaten – die geschätzte Betriebszeit der Komponente wird größer.

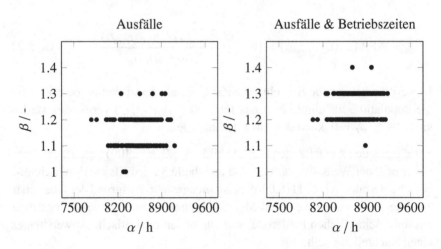

Abbildung 5.8: Erzeugte MCMC-Samples in Abhängigkeit von beobachteten Daten (links: Ausfälle, rechts: Ausfälle & Betriebszeiten)

In Abbildung 5.9 sind die Wahrscheinlichkeitsdichten der Priori- und Posterio-ri-Verteilungen bei Nutzung von reinen Ausfallzeiten (D1) und der Kombination aus Ausfall- und Betriebszeiten (D2) dargestellt. Analog zu Abbildung 5.6 ist im oberen Teil die Wahrscheinlichkeitsdichteverteilung des Gamma-Priori und im unteren Teil die des Jeffreys Prior dargestellt. Die Wahrscheinlichkeitsverteilungen der beiden Zufallsvariablen α, β sind – unabhängig von der verwendeten Priori-Dichte – in Richtung höherer Werte verschoben, d. h. die Erwartungswerte der Ausfallzeiten der Komponenten sind gestiegen. Gleichzeitig wird die Unsicherheit bezüglich der Parameter weiter gesenkt, wodurch der Maximalwert der Wahrscheinlichkeitsdichte steigt.

Für die aus den Ausfall- und Betriebszeiten (vgl. Abbildung 5.3, $n = 800$) geschätzten Parameter α, β der Weibullverteilung sind in Tabelle 5.3 jeweils die durchschnittlichen Fehlerraten AFR FIT(8000) nach Gleichung 5.21 zusammengestellt. Wie erwartet, sind die durchschnittlichen Fehlerraten geringer als in Tabelle 5.2, da zusätzlich die Betriebszeiten der fiktiven Komponente berücksichtigt werden. Darüber hinaus liefern die Bayes-Statistik mit Jeffreys Priori und der ML-Schätzer niedrigere Fehlerraten bei übereinstimmenden Werten des Formfaktors. Unter der Voraussetzung, dass es sich hierbei nicht um eine Überschätzung handelt, kann gefolgert werden, dass die Wahl einer Gammaverteilung für den Lageparameter α bzw. die Startbedingungen für diesen Datensatz weniger geeignet sind.

Tabelle 5.3: Durchschnittliche Fehlerrate AFR FIT(8000) (Ausfall- und Betriebszeiten)

	α / h	β / -	AFR FIT
Bayes (Gamma-Priori)	8720	1,25	112.283
Bayes (Jeffreys Priori)	9026	1,25	107.446
MLE	9145	1,26	105.633

Die Ergebnisse lassen den Schluss zu, dass die entwickelte Methode für die Schätzung von Ausfallraten auf Basis von Ausfall- und Betriebszeiten geeignet ist. Die Ergebnisse sind bereits bei geringen Stichproben präziser als die der etablierten Maximum-Likelihood-Methode. Lediglich die zusätzliche Nutzung der Betriebszeiten erfordert weitere Untersuchungen.

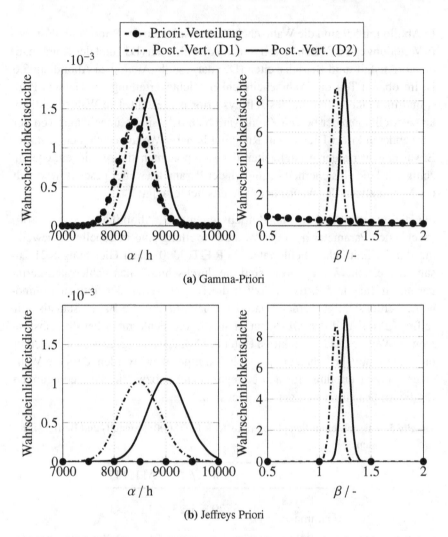

(a) Gamma-Priori

(b) Jeffreys Priori

Abbildung 5.9: Verteilung der Parameter α (links) bzw. β (rechts) in Abhängigkeit von beobachteten Daten

5.4 Erweiterungen des Modells

Die dargestellten Ergebnisse basieren auf der in dieser Arbeit untersuchten Simulationsstudie. Darüber hinaus existieren in der Literatur weitere Anpassungsmöglichkeiten für vergleichbare Modelle, wodurch die Schätzungen der Weibullparameter optimiert werden können. Hierzu gehören beispielsweise die Nutzung der empirischen Bayes-Inferenz, die Berücksichtigung multimodaler Ausfallmodelle oder Kovariate. In diesem Unterkapitel werden drei Beispiele zur Weiterentwicklung des Modells aus Kapitel 5.2 bzw. 5.3 beschrieben, die sehr vielversprechend sind.

5.4.1 Empirische Bayes-Schätzungen

Ein wesentlicher Kritikpunkt des Bayes-Schätzers ist, dass die Priori-Dichtefunktion bekannt sein muss [198]. Die Wahl der Priori-Verteilung erfolgt durch den Anwender und ist somit subjektiv. Die Folgerungen, die aus der Posteriori-Verteilung gezogen werden, können durch die Festlegung von verschiedenen Prioren beeinflusst werden [190]. Zur Vermeidung der Festlegung einer kompletten Priori-Verteilung auf Basis mangelnden Vorwissens, bieten empirische Bayes-Methoden die Möglichkeit, die Parameter eines festgelegten Modells aus den Messdaten zu schätzen [199]. Da empirische Bayes-Verfahren oft eine Vereinfachung der eigentlichen Bayes-Verfahren ermöglichen und mit letzteren asymptotisch (für große Stichprobenumfänge) übereinstimmen, erfreut sich die empirische Bayes-Inferenz (EB) in der Praxis einer außerordentlichen Beliebtheit.

Eingeführt von Robbins [200–202] kann die empirische Bayes-Perspektive wie folgt angegeben werden: Gegeben ist die Dichte $f(x|\theta)$ einer Zufallsvariablen X bedingt auf θ und eine Priori-Verteilung für θ, $\pi(\theta|\eta)$, die durch den Hyperparameter η indiziert wird. Ist η bekannt, wird die Bayes-Regel verwendet, um die Posteriori-Verteilung

$$f(\theta|x,\eta) = \frac{f(x|\theta)\pi(\theta|\eta)}{m(x|\eta)} \qquad \text{Gl. 5.22}$$

zu berechnen, wobei $m(x|\eta)$ die Randverteilung von x bezeichnet,

$$m(x|\eta) = \int f(x|\theta)\pi(\theta|\eta)d\theta \qquad \text{Gl. 5.23}$$

oder, in allgemeinerer Notation

$$m_\Pi(x|\eta) = \int f(x|\theta)d\Pi(\theta) \qquad \text{Gl. 5.24}$$

Wenn η unbekannt ist, wird eine Hyperpriori-Verteilung $h(\eta)$ angenommen und die Posteriori-Verteilung wird berechnet, indem über η marginalisiert wird:

$$f(\theta|x) = \frac{\int f(x|\theta)\pi(\theta|\eta)h(\eta)d\eta}{\int\int f(x|u)\pi(u|\eta)h(\eta)dud\eta} = \int p(\theta|x,\eta)h(\eta|x)d\eta \qquad \text{Gl. 5.25}$$

Dies ist oft nicht trivial, weshalb die Randverteilung von x (Gleichung 5.23) verwendet wird, um den Hyperparameter η durch $\hat{\eta} \equiv \hat{\eta}(x)$ zu schätzen (zum Beispiel mit dem Maximum-Likelihood-Schätzer). Die Inferenz basiert dann auf der geschätzten Posteriori-Verteilung $f(\theta|x,\eta)$ durch Einfügen von $\hat{\eta}$ in Gleichung 5.22. Der EB-Ansatz ersetzt somit im Wesentlichen die Integration in Gleichung 5.25 durch eine Maximierung, eine rechnerische Vereinfachung. Der Name „empirische" Bayes-Inferenz ergibt sich aus der Tatsache, dass zur Schätzung des Hyperparameters η die beobachteten Daten verwendet werden.

Zusammenfassend lässt sich für die Integration der empirischen Bayes-Inferenz zur Schätzung der Weibullparameter festhalten, dass sie bessere Ergebnisse liefern *kann*, der Mehraufwand und die Steigerung sind aber kritisch gegeneinander abzuwiegen.

5.4.2 Multimodale Ausfallmodelle

Das Ausfallverhalten innerhalb eines einzigen Satzes von Felddaten ist von unterschiedlichen Fehlerursachen und -modi geprägt, die sich in einem charakteristischen Ausfallratenverlauf widerspiegeln. Da statistische Standardmodelle einige der realen Datensätze nicht gut verarbeiten können, wurden erweiterte Modelle, wie z. B. das Mischpopulations-Ausfallmodell oder das konkurrierende Ausfallmodell, abgeleitet, um das spezifische Ausfallverhalten von Komponenten zu modellieren [20, 66, 178, 203, 204].

Das Mischpopulations-Ausfallmodell besteht aus einer heterogenen Grundgesamtheit, die sich aus verschiedenen Subpopulationen mit unterschiedlichen Ausfallverhalten zusammensetzt. Das Ausfallverhalten jeder Subpopulation besitzt eine eigene Zuverlässigkeitscharakteristik und wird durch eine eigene Lebensdauerverteilung beschrieben. Wird eine Population mit n Subpopulationen betrachtet, so lautet die Zuverlässigkeitsfunktion

$$R(t) = \sum_{i=1}^{n} w_i R_i(t) \qquad \text{Gl. 5.26}$$

wobei w_i den Anteil n_i der Subpopulation i an der Grundgesamtheit n darstellt

$$\sum_{i=1}^{n} w_i = 1 \qquad \text{Gl. 5.27}$$

Für die Likelihood (Ausfalldichte) folgt damit:

$$f(t|w,\alpha,\beta) = \sum_{i=1}^{n} w_i f_i(t|w_i,\alpha_i,\beta_i) \qquad \text{Gl. 5.28}$$

Demgegenüber gilt für das konkurrierende Ausfallmodell: Eine Komponente fällt aus, wenn der erste aller konkurrierenden Fehlermechanismen einen Fehlerzustand erreicht. Jeder Fehlermechanismus, der zu einem bestimmten Fehlertyp (d. h. Fehlermodus) führt, läuft unabhängig von jedem anderen – zumindest bis ein Fehler auftritt. Die Ausfallmöglichkeiten kennzeichnen sich durch eigene Wahrscheinlichkeitsverteilungen, wobei die Ausfallursachen voneinander unabhängig sind. Alle Einheiten sind statistisch identisch, sie bilden eine homogene Population.

Wenn ein Element m konkurrierenden Fehlerursachen unterliegt, kann unter der Annahme, dass alle Fehlermechanismen unabhängig sind, die Ausfallzeit des Elements mit einem Seriensystem oder einem konkurrierenden Fehlermodell modelliert werden. Die Zuverlässigkeitsfunktion lautet

$$R(t) = \prod_{i=1}^{m} R_i(t) \qquad \text{Gl. 5.29}$$

Für die Likelihood (Ausfalldichte) folgt damit:

$$f(t|w,\alpha,\beta) =$$
$$-\frac{d(\prod_{i=1}^{m} R_i(t|\alpha_i,\beta_i))}{dt} =$$
$$-\frac{dR_1(t|\alpha_1,\beta_1)}{dt} R_2(t|\alpha_2,\beta_2) \cdot \ldots \cdot R_m(t|\alpha_m,\beta_m) \qquad \text{Gl. 5.30}$$
$$-\frac{dR_2(t|\alpha_2,\beta_2)}{dt} R_1(t|\alpha_1,\beta_1) \cdot R_3(t|\alpha_3,\beta_3) \cdot \ldots \cdot R_m(t|\alpha_m,\beta_m)$$
$$-\frac{dR_m(t|\alpha_m,\beta_m)}{dt} R_1(t|\alpha_1,\beta_1) \cdot R_2(t|\alpha_2,\beta_2) \cdot \ldots \cdot R_{m-1}(t|\alpha_{m-1},\beta_{m-1})$$

Weisen die Felddaten der E/E-Komponenten mehrere Fehlermodi auf, sind diese bezüglich des entsprechenden Fehlermodells zu analysieren und die Likelihood-Funktion ist der Bayes-Inferenz entsprechend anzupassen.

5.4.3 Kovariablen

Als Kovariablen werden sowohl quantitative als auch qualitative Variablen bezeichnet, deren (störender) Einfluss auf die abhängige Variable (z. B. Lebensdauer) eliminiert werden soll [205]. Im Allgemeinen werden diese unabhängigen Variablen während der Datenerfassung nicht kontrolliert. Durch Hinzufügen von Kovariablen kann die Genauigkeit eines Modells erheblich gesteigert und der Fehler im Modell verringert werden. Darüber hinaus können sich diese wesentlich auf die endgültigen Ergebnisse der Analyse auswirken. Zu den üblichen Kovariablen gehören Umgebungstemperatur, Luftfeuchtigkeit usw. Ein Verfahren zur Schätzung des Einflusses unabhängiger Variablen auf die Dauer bis zum Eintreten von Ereignissen („Überlebenszeit") bzw. deren Gefährdung bildet das von David Cox vorgeschlagene Regressionsmodell [206]. Ziel ist die Untersuchung des Verhaltens der Ausfallraten in Abhängigkeit von Umwelteinflüssen. Für das Fehlermodell des Lenkungssteuergeräts sind beispielsweise die Außen- und Umgebungslufttemperatur der Lenkung sowie das Fahr- bzw. Lenkprofil als Kovariablen denkbar.

5.5 Zusammenfassung

Mit der entwickelten Methode können auf Basis von Felddaten die Parameter eines Fehlerverteilungsmodells zuverlässig geschätzt werden. Der Ansatz ermöglicht die Nutzung von Ausfalldaten sowie Betriebszeiten nicht ausgefallener Komponenten im Endkundenbetrieb zur Schätzung der Ausfallrate. Damit ist die Methode konform mit den Anforderungen der ISO 26262.

Der praktische Nachweis dieser neuen Methodik wurde an einem synthetischen Beispiel erbracht. Die Ergebnisse der Simulationsstudie zeigen eine sehr gute Übereinstimmung der geschätzten Parameter der Weibullverteilung mit den Originalwerten. Darüber hinaus ist es möglich, sowohl für die Parameter als auch die Ausfallrate Kredibilitätsintervalle anzugeben, was einen erheblichen Vorteil gegenüber Ausfallratenkatalogen bedeutet. Auch hier erfüllt die Methode die Anforderungen zur normgerechten Determinierung von Ausfallraten. Zur Erhöhung der Akzeptanz durch den Kunden besteht die Möglichkeit, das Verfahren zu Beginn mit Daten aus Ausfallratenkatalogen zu kombinieren.

Durch die Einbeziehung von Wissen zu Vorgängerprodukten entsteht durch den Einsatz der Methode ein entscheidender Vorteil für Hersteller, die auf langjährige Erfahrung zurückgreifen können. Die Anwendung an weiteren Komponenten ist mit angemessenem Aufwand realisierbar.

6 Zusammenfassung und Ausblick

Ungeachtet dessen, wie sich die Lenkkonzepte für selbstfahrende Autos entwickeln werden, zählen elektrisch unterstützte Lenksysteme derzeit zu den gebräuchlichsten Lenkungskonzepten im Pkw-Bereich für die Aufprägung eines Lenkwinkels an den Rädern der Vorderachse – bei Allradlenkung ebenfalls an der Hinterachse. Die Unterstützungskraft wird durch einen Elektromotor erzeugt, der über das Bordnetz gespeist wird. Um Gefährdungen, die durch das Fehlverhalten solcher elektronischer Systeme entstehen können, abzuwenden bzw. komplett zu verhindern, werden Maßnahmen und deren technische Umsetzung zur Erreichung funktionaler Sicherheit gefordert. So sind als Teil der Bewertung der Hardwarearchitektur im internationalen Standard ISO 26262 die Ausfallraten der sicherheitsbezogenen Hardwareteile zu bestimmen.

In dieser Arbeit werden Einflussgrößen auf die Ausfallratenberechnung untersucht und bewertet. Mit dem erarbeiteten Hintergrundwissen kann aus der Kombination von Mess- und Prüfstandsfahrten ein Fahrzeug-abhängiges, weltumfassendes Temperaturprofil bestimmt werden. Ferner wird die Feldbewährung von E/E-Komponenten und -Baugruppen auf Grundlage der Ausfall- und Betriebszeiten mithilfe der Bayes'schen Statistik determiniert.

Mithilfe einer methodischen Vorgehensweise werden, ausgehend von der ermittelten Problemstellung, zwei alternative Lösungskonzepte entwickelt. Die Grundvoraussetzung stellt die Identifikation der Einflussgrößen auf die Schätzung von Ausfallraten dar. Im Rahmen einer Situationsanalyse und Problemeingrenzung werden die Themenfelder Einsatzprofil, Lebensdaueranalysen und Ausfallratenkataloge beleuchtet. Die größten Optimierungspotenziale liegen zum einen in der Ermittlung eines allgemein gültigen Temperaturprofils, das die typischen Feldeinsatzbedingungen wiedergibt – im Gegensatz zu Temperaturkollektiven, die zur Auslegung bzw. für Lebensdauerversuche herangezogen werden. Zum anderen ist die Abkehr von empirischen Vorhersage-Standards für belastbare Aussagen bezüglich der Ausfallrate seit Jahren überfällig. Die gewonnenen Erkenntnisse werden schließlich zu einem Lösungskonzept, bestehend aus zwei Arbeitsschwerpunkten, zusammengefasst. Einerseits wird ein Temperaturprofil zur Schätzung von Ausfallraten ermittelt. Andererseits wird eine Methode zur kombinierten Nutzung der Felddaten von

© Springer Fachmedien Wiesbaden GmbH, ein Teil von Springer Nature 2019
U. Weinrich, *Methoden zur Bestimmung der Ausfallraten von elektrischen und elektronischen Systemen am Beispiel der Lenkungselektronik*, Wissenschaftliche Reihe Fahrzeugtechnik Universität Stuttgart, https://doi.org/10.1007/978-3-658-25463-6_6

ausgefallenen und funktionierenden Komponenten für die Zuverlässigkeitsvorhersage entwickelt.

Zur Ermittlung eines Temperaturkollektivs, das die relevanten Umweltbelastungen und Nutzungsbedingungen im Endkundenbetrieb umfasst, wird eine repräsentative Probandenstudie im Fahrversuch mit zwei Fahrzeugen auf öffentlichen Straßen durchgeführt. Zur Sicherstellung der Belastbarkeit der Ergebnisse werden bei der Auswahl von Fahrzeug, Probandenkollektiv, Fahrstrecke und Fahrplan statistisch abgesicherte Daten aus unterschiedlichen Veröffentlichungen herangezogen. Die Erzeugung aussagekräftiger Ergebnisse wird durch eine statistische Versuchsplanung sichergestellt. Die Ergebnisse dieser Studie sind die spezifischen Temperaturkollektive für die Umgebungsluft des Lenkungssteuergeräts für beide Fahrzeuge. Für das Fahrzeug mit Ottomotor liegt der Erwartungswert der Temperatur bei 40,4 °C mit einer Standardabweichung von 10,6 °C. Im Fall des mit Dieselmotor angetriebenen Fahrzeugs beträgt der Erwartungswert 37,9 °C und die Standardabweichung 15 °C. Die Ergebnisse stützen sich auf je 50 Messfahrten mit beiden Fahrzeugen und einer zurückgelegten Strecke von 5860 km.

Als Erweiterung der Ergebnisse bei mitteleuropäischem Klima, wird die Probandenstudie um Prüfstandsmessungen im Thermowindkanal bei 40 °C Außentemperatur ergänzt. Bei identischer Außentemperatur, wie bei den Straßenmessungen, treten auf dem Prüfstand Erwartungswerte von 46,3 °C bzw. 44 °C auf. Der Unterschied zwischen den Erwartungswerten von Straßenfahrt und Prüfstandmessung ist eine Folge stehenden Bodens und der einhergehenden Grenzschichtbildung im Thermowindkanal. Die Erwartungswerte 74,2 °C bzw. 74,6 °C bei 40 °C Außentemperatur sind daher als konservativ zu bewerten. Für die Übertragung der Ergebnisse auf Märkte mit höheren Außentemperaturen stellt dies einen Vorteil dar.

Die vorgestellte Planung und Auslegung einer Probandenstudie kann für beliebige Fahrzeuge unterschiedlicher Antriebstechnologie angewendet werden. Durch die streng wissenschaftliche Vorgehensweise sind die Ergebnisse für die gewählte Stichprobe repräsentativ. Es kann gezeigt werden, dass die Temperaturkollektive für ein Großserien-Elektrofahrzeug nur geringfügig von der Leistungselektronik und dem Elektromotor im Motorraum beeinflusst werden. Bei vergleichbaren Messfahrten beträgt der Erwartungswert 28,8 °C mit einer Standardabweichung von 9,5 °C.

Für die Berechnung der Ausfallrate von elektronischen Systemen wird eine felddatenbasierte Zuverlässigkeitsanalyse entwickelt und vorgestellt. Ein wesentliches Kriterium für die Wahl der Bayes-Statistik ist ihre Eigenschaft, auch bei einer größeren Anzahl funktionierender als defekter Komponenten bzw. beim Ausbleiben von Fehlerdaten zufriedenstellende Ergebnisse zu erbringen. Aufbauend auf den Untersuchungen zu den Einflussgrößen der Ausfallrate, wird die Ausfallwahrscheinlichkeit der betrachteten E/E-Komponenten mit einer Weibullverteilung beschrieben. Die Ausfalldichtefunktion auf Basis der verfügbaren Felddaten wird mithilfe von Markov-Ketten-Monte-Carlo-Verfahren numerisch berechnet, um die Parameter der Weibullverteilung zu schätzen. Die entwickelte Methode wird mithilfe einer Simulationsstudie mit synthetisch generierten Felddaten und zwei Priori-Verteilungen untersucht und erweist sich als sehr gut geeignet. Die Ergebnisse einer statistischen Fehleranalyse bestätigen die Prognosegenauigkeit der Bayes-Statistik selbst für kleine Stichprobengrößen im Vergleich zur Maximum-Likelihood-Schätzung.

Das Thema Anwendbarkeit spielt eine entscheidende Rolle bei der Einführung und Verbreitung der Methode in der Zuverlässigkeitsanalyse, weshalb eine Durchführung mit realen Felddaten noch umgesetzt werden muss. Bezogen auf das entwickelte Modell besteht an dieser Stelle noch Handlungsbedarf hinsichtlich des Vergleichs mit vorhandenen Prozessen oder Methoden. Die Automatisierung der Abläufe – Felddaten einlesen, Berechnung durchführen und grafische Darstellung der Ergebnisse – bietet darüber hinaus das Potenzial, die Anwenderfreundlichkeit zu steigern.

Durch die Nutzung von statistisch abgesicherten Ergebnissen, die auf Felddaten beruhen, erfüllen die beiden vorgestellten Methoden die Anforderungen der ISO 26262. Dabei können die Probandenstudie und Bayes'sche Statistik sowohl allein als auch gemeinsam für die Bestimmung von Ausfallraten herangezogen werden. Bei den quantitativen Optimierungspotenzialen wird eine Abhängigkeit vom jeweiligen Produkt erwartet, weshalb diese Bewertung vom Hersteller und Anwender durchzuführen ist.

Literatur

[1] Braess, H.-H. und Seiffert, U.: *Vieweg Handbuch Kraftfahrzeugtechnik*. 7., aktual. Aufl. 2013. ATZ / MTZ-Fachbuch. Springer Fachmedien Wiesbaden, Wiesbaden, s.l., 2013.

[2] International Organization for Standardization: *Road vehicles : Functional safety*. Geneva, 14. November 2011. URL: http://worldcatl ibraries.org/wcpa/oclc/929289091.

[3] International Electrotechnical Commission: *IEC TR 62380: Reliability data handbook - Universal model for reliability prediction of electronics components, PCBs and equipment*. Geneva, Switzerland, 2004-08.

[4] Siemens: *SN 29500: Reliability and quality specification failure rates of components*. München, 2004-01.

[5] Ross, H.-L.: *Funktionale Sicherheit im Automobil: ISO 26262, Systemengineering auf Basis eines Sicherheitslebenszyklus und bewährten Managementsystemen*. Hanser, München, 2014.

[6] Hobbs, C. und Lee, P.: *Understanding ISO 26262 ASILs*. 2013. URL: http://www.electronicdesign.com/embedded/understandin g-iso-26262-asils (besucht am 18.03.2018).

[7] i-Q Schacht & Kollegen, Hrsg.: *Funktionale Sicherheit (FuSi) – die ASIL-Klassifikation ...* 2015. URL: https://www.i-q.de/leistung en/iso-26262-fsm-und-fusi/fusi-asil-klassifikationen / (besucht am 18.03.2018).

[8] *Zuverlässigkeitssicherung bei Automobilherstellern und Lieferanten: Teil 2: Zuverlässigkeits-Methoden und -Hilfsmittel*. 3. überarbeitete und erweiterte Auflage 2000, aktualisierter Nachdruck 2004. Bd. 3. Qualitaetsmanagement in der Automobilindustrie. Henrich Druck + Medien GmbH, Berlin, 2004.

[9] Börcsök, J.: *Funktionale Sicherheit: Grundzüge sicherheitstechnischer Systeme*. 2., überarb. Aufl. Hüthig, Heidelberg, 2008.

© Springer Fachmedien Wiesbaden GmbH, ein Teil von Springer Nature 2019
U. Weinrich, *Methoden zur Bestimmung der Ausfallraten von elektrischen und elektronischen Systemen am Beispiel der Lenkungselektronik*, Wissenschaftliche Reihe Fahrzeugtechnik Universität Stuttgart, https://doi.org/10.1007/978-3-658-25463-6

[10]   Gottschalk, A.: *Qualitäts- und Zuverlässigkeitssicherung elektroni-*
       scher Bauelemente und Systeme: Methoden - Vorgehensweisen - Vor-
       aussagen ; mit 61 Tabellen. 2., völlig neu bearb. Aufl. Bd. 325. Kontakt
       & Studium. Expert-Verlag, Renningen, 2010.

[11]   Kriso, S. und Gutberlet, A.-L.: *ISO 26262 – Was gibt es Neues in*
       der Funktionalen Sicherheit? 2016. URL: https://www.elektronik
       praxis.vogel.de/automotive/articles/563904/ (besucht am
       09.03.2016).

[12]   O'Connor, P. D. und Kleyner, A. V.: *Practical reliability engineering.*
       5. ed., 1. publ. Wiley, Chichester, 2012.

[13]   Bertsche, B. und Lechner, G.: *Zuverlässigkeit im Fahrzeug- und Ma-*
       schinenbau: Ermittlung von Bauteil- und System-Zuverlässigkeiten. 3.,
       überarbeitete und erweiterte Auflage. VDI-Buch. Berlin Heidelberg
       New York, Berlin, Heidelberg, 2004.

[14]   Leopold, T.: "Ganzheitliche Datenerfassung für verbesserte Zuverläs-
       sigkeitsanalysen". Dissertation. Stuttgart: Universität Stuttgart, 2012.

[15]   Bortz, J. und Döring, N.: *Forschungsmethoden und Evaluation: Für*
       Human- und Sozialwissenschaftler ; mit 87 Tabellen. 4., überarb. Aufl.,
       [Nachdr.] Springer-Lehrbuch Bachelor, Master. Springer Medizin Ver-
       lag, Heidelberg, 2006.

[16]   Rasch, B., Friese, M., Hofmann, W. und Naumann, E.: *Quantitative*
       Methoden 1: Einführung in die Statistik. Springer Berlin Heidelberg,
       Berlin, Heidelberg, 2014.

[17]   Nuzzo, R.: Statistical errors: P values, the 'gold standard' of statistical
       validity, are not as reliable as many scientists assume. In: *Nature News*
       506.7487 (2014), S. 150.

[18]   Du Prel, J.-B., Hommel, G., Röhrig, B. und Blettner, M.: Konfidenzin-
       tervall oder p-Wert? Teil 4 der Serie zur Bewertung wissenschaftlicher
       Publikationen. In: *Deutsches Ärzteblatt* 106.19 (2009), S. 335–339.

[19]   Cohen, J.: *Statistical Power Analysis for the Behavioral Sciences.* 2nd
       ed. Erlbaum Associates, Hillsdale, Taylor and Francis und Elsevier
       Science, Hoboken, 1988.

[20]   Meyer, M.: "Methoden zur Analyse von Garantiedaten für die
       Sicherheits- und Zuverlässigkeitsprognose von Komponenten und
       Baugruppen im Kraftfahrzeug". Dissertation. Wuppertal: Universität
       Wuppertal, 2003.

[21] Krolo, A.: "Planung von Zuverlässigkeitstests mit weitreichender Berücksichtigung von Vorkenntnissen". Dissertation. Stuttgart: Universität Stuttgart, 2004.

[22] Delonga, M.: "Zuverlässigkeitsmanagementsystem auf Basis von Felddaten". Dissertation. Stuttgart: Universität Stuttgart, 2007.

[23] Birolini, A.: *Reliability Engineering: Theory and Practice.* 7th ed. 2014. Springer Berlin Heidelberg, Berlin, Heidelberg und s.l., 2014. URL: http://dx.doi.org/10.1007/978-3-642-39535-2.

[24] Rai, B. und Singh, N.: Hazard rate estimation from incomplete and unclean warranty data. In: *Reliability Engineering & System Safety* 81.1 (2003), S. 79–92.

[25] Rausand, M. und Høyland, A.: *System Reliability Theory: Models, Statistical Methods, and Applications.* 2. ed. Wiley series in probability and statistics. Applied probability and statistics. Wiley-Interscience, Hoboken, 2004.

[26] Hall, P. L. und Strutt, J. E.: Probabilistic physics-of-failure models for component reliabilities using Monte Carlo simulation and Weibull analysis: A parametric study. In: *Reliability Engineering & System Safety* 80.3 (2003), S. 233–242.

[27] Neher, W.: "Zuverlässigkeitsbetrachtungen an Aufbau- und Verbindungstechnologien für elektronische Steuergeräte im Kraftfahrzeug unter Hochtemperaturbeanspruchungen". Dissertation. Dresden: Technische Universität Dresden, 2006.

[28] SAE International: *Reliability Prediction for Automotive Electronics Based on Field Return Data.* Warrendale, PA, 2017-03-17.

[29] JEDEC Solid State Technology Association, Hrsg.: *JESD85R: Methods for Calculating Failure Rates in Units of FITs.* Arlington, VA, USA, Jan. 2014.

[30] Guure, C. B., Ibrahim, N. A. und Adam, M. B.: Bayesian Inference of the Weibull Model Based on Interval-Censored Survival Data. In: *Computational and mathematical methods in medicine* 2013 (2013).

[31] Bertsche, B. et al.: *Zuverlässigkeit mechatronischer Systeme: Grundlagen und Bewertung in frühen Entwicklungsphasen.* VDI-Buch. Springer, Berlin und Heidelberg, 2009.

[32] Maisch, M.: "Zuverlässigkeitsorientiertes Erprobungskonzept für Nutzfahrzeuggetriebe unter Berücksichtigung von Betriebsdaten". Diss. Stuttgart: Universität Stuttgart, 2007.

[33] Ramachandran, P. et al.: *Metrics for Lifetime Reliability*. 2006.

[34] Lu, M.-W.: Automotive reliability prediction based on early field failure warranty data. In: *Quality and Reliability Engineering International* 14.2 (1998), S. 103–108.

[35] Pauli, B.: Eine neue Methode zur Bestimmung der kilometerabhängigen Lebensdauerverteilung von Kfz-Komponenten. In: *Automobiltechnische Zeitschrift* 101.4 (1999), S. 256–261.

[36] Pauli, B. und Meyna, A.: Zuverlässigkeitsprognosen für Kfz-Komponenten bei unvollständigen Daten. In: *Automobiltechnische Zeitschrift* 102.12 (2000), S. 1104–1107.

[37] Rai, B. und Singh, N.: A modeling framework for assessing the impact of new time/mileage warranty limits on the number and cost of automotive warranty claims. In: *Reliability Engineering & System Safety* 88.2 (2005), S. 157–169.

[38] Wong, K. L.: A new framework for part failure-rate prediction models. In: *IEEE Transactions on Reliability* 44.1 (1995), S. 139–146.

[39] Weibull, W.: A statistical distribution function of wide applicability. In: *Journal of applied mechanics* 103 (1951), S. 293–297.

[40] Powell, M. A.: "Optimal Cost Preventative Maintenance Scheduling for High Reliability Aerospace Systems". In: *IEEE Aerospace Conference, 2010*. IEEE, Piscataway, NJ, 2010, S. 1–11.

[41] Yadav, O. P., Singh, N., Chinnam, R. B. und Goel, P. S.: A fuzzy logic based approach to reliability improvement estimation during product development. In: *Reliability Engineering & System Safety* 80.1 (2003), S. 63–74.

[42] Renesas Electronics Corporation, Hrsg.: *Semiconductor Reliability Handbook*. 2017. URL: https://www.renesas.com/zh-tw/doc/products/others/r51zz0001ej0250.pdf (besucht am 21. 03. 2018).

[43] Kempf, M.: Effiziente Bestimmung von Zuverlässigkeitskennwerten durch Integration von Expertenwissen. In: *tm - Technisches Messen* 78.10 (2011), S. 463–469.

[44] Muthukumarana, P. S.: "Bayesian methods and applications using WinBUGS". Diss. Science: Department of Statistics and Actuarial Science, 2010. URL: http://summit.sfu.ca/system/files/iri tems1/11845/etd6058_PMuthukumarana.pdf.

[45] Kolmogorov, A. N.: *Grundbegriffe der Wahrscheinlichkeitsrechnung.* Repr. [d. Ausg.] Berlin, Springer, 1933. Bd. Bd. 2, 3. Ergebnisse der Mathematik und ihrer Grenzgebiete. Springer, Berlin, Heidelberg, New York, 1933.

[46] Tschirk, W.: *Statistik: Klassisch oder Bayes: Zwei Wege im Vergleich.* Springer-Lehrbuch. Springer Spektrum, Berlin, 2014. URL: http:// dx.doi.org/10.1007/978-3-642-54385-2.

[47] Dürr, D., Froemel, A. und Kolb, M.: *Einführung in die Wahrscheinlichkeitstheorie als Theorie der Typizität: Mit einer Analyse des Zufalls in Thermodynamik und Quantenmechanik.* Springer Spektrum, Berlin und Heidelberg, 2017.

[48] Lynch, S. M.: *Introduction to Applied Bayesian Statistics and Estimation for Social Scientists.* Springer Science & Business Media, 2007.

[49] Savchuk, V. und Tsokos, C. P., Hrsg.: *Bayesian Theory and Methods with Applications.* Bd. 1. Atlantis Studies in Probability and Statistics. Atlantis Press, Paris, 2011.

[50] Box, G. E. P. und Tiao, G. C.: *Bayesian Inference in Statistical Analysis.* Bd. v.40. Wiley Classics Library. John Wiley & Sons, Hoboken, 2011. URL: http://gbv.eblib.com/patron/FullRecord.aspx? p=696442.

[51] Held, L.: *Methoden der statistischen Inferenz: Likelihood und Bayes.* Spektrum Akademischer Verlag, Heidelberg, 2008.

[52] Soland, R. M.: *Use of the Weibull distribution in Bayesian decision theory.* McLean, Virginia, 1966. URL: http://www.dtic.mil/docs/ citations/AD0668677.

[53] Jeffreys, H.: *Theory of probability.* 3. ed., reprinted. Oxford classic texts in the physical sciences. Clarendon Press, Oxford, 1998.

[54] Czado, C.: Einführung zu Markov Chain Monte Carlo Verfahren mit Anwendung auf Gesamtschadenmodelle. In: *Blätter der DGVFM* 26.3 (2004), S. 331–350.

[55] Fahrmeir, L., Kneib, T. und Lang, S.: *Regression: Modelle, Methoden und Anwendungen.* 2. Aufl. Statistik und ihre Anwendungen. Springer-Verlag Berlin Heidelberg, Berlin, Heidelberg, 2009. URL: h ttp://site.ebrary.com/lib/alltitles/docDetail.action? docID=10328772.

[56] Dreesman, J.: "Zur statistischen Inferenz in Markov-Feldern Markov-Chain-Monte-Carlo-Verfahren und Modelle mit räumlich variierenden Koeffizienten". Diss. 1998. URL: http://worldcatlibraries.org /wcpa/oclc/75846556.

[57] Furrer, R. und Molinaro, M.: *Bayesian Inference and Stochastic Simulation: An Excursion to 15 Topics.* 2016.

[58] Waldmann, K.-H. und Stocker, U. M.: *Stochastische Modelle.* Springer Berlin Heidelberg, Berlin, Heidelberg, 2004.

[59] Lindsey, H. L.: An Introduction to Bayesian Methodology via Win-BUGS and PROC MCMC. In: *All Theses and Dissertations* (2011). URL: https://scholarsarchive.byu.edu/etd/2784.

[60] Dieckerhoff, S., Guttowski, S. und Reichl, H.: "Performance Comparison of Advanced Power Electronic Packages for Automotive Applications". In: *Proceedings of the International Conference Automotive Power Electronics 2006.* Hrsg. von Society of Automotive Engineers. 2006.

[61] DIN Deutsches Institut für Normung e. V.: *DIN 40041:1990-12, Zuverlässigkeit - Begriffe.* Berlin, 1990.

[62] European Power Supply Manufacturers Association, Hrsg.: *Reliability: Guidelines to Understanding Reliability Prediction.* Oxfordshire. URL: https://www.epsma.org/MTBF%20Report_24%20June %202005.pdf.

[63] *Software-Zuverlässigkeit: Grundlagen, Konstruktive Maßnahmen, Nachweisverfahren.* VDI-Buch. Springer, Berlin und Heidelberg, 1993.

[64] ZVEI Robustness Validation Working Group, Hrsg.: *Handbook for Robustness Validation of Automotive Electrical/Electronic Modules.* Frankfurt am Main, Germany, 2013.

[65] Jerke, G. und Kahng, A. B.: "Mission Profile Aware IC Design – A Case Study". In: *Design, Automation and Test in Europe Conference and Exhibition (DATE), 2014*. Hrsg. von Preas, K. IEEE, Piscataway, NJ, 2014, S. 1–6.

[66] *Zuverlässigkeitssicherung bei Automobilherstellern und Lieferanten: Teil 2: Zuverlässigkeits-Methoden und -Hilfsmittel*. 4. komplett überarbeitete Ausgabe. Bd. 3. Qualitaetsmanagement in der Automobilindustrie. Henrich Druck + Medien GmbH, Berlin, 2016.

[67] Wang, H. et al.: Transitioning to Physics-of-Failure as a Reliability Driver in Power Electronics. In: *IEEE Journal of Emerging and Selected Topics in Power Electronics* 2.1 (2014), S. 97–114.

[68] ZVEI Robustness Validation Working Group, Hrsg.: *Handbook for Robustness Validation of Semiconductor Devices in Automotive Applications*. Frankfurt am Main, Germany, 2015.

[69] Pecht, M. G., Das, D. und Ramakrishnan, A.: The IEEE standards on reliability program and reliability prediction methods for electronic equipment. In: *Microelectronics Reliability* 42.9 // 9-11 (2002), S. 1259–1266.

[70] Saleh, J. H. und Marais, K.: Highlights from the early (and pre-) history of reliability engineering. In: *Reliability Engineering & System Safety* 91.2 (2006), S. 249–256.

[71] exida, Hrsg.: *Getting Reliable Failure Rate Data*. 2018. URL: http://www.exida.com/Resources/Whitepapers/getting-reliable-failure-rate-data (besucht am 24.03.2018).

[72] Liu, J.: *Reliability of microtechnology: Interconnects, devices, and systems*. Springer, New York und London, 2011.

[73] FIDES Group: *FIDES Guide 2009 issue A: Reliability Methodology for Electronic Systems*. 2011-01. URL: http://fides-reliability.org/.

[74] IEEE Standards Coordinating Committee 37: *IEEE Std 1413.1™-2002: IEEE Guide for Selecting and Using Reliability Predictions Based on IEEE 1413™*. Hrsg. von The Institute of Electrical and Electronics Engineers, Inc. Piscataway, NJ, USA, 19. Feb. 2003.

[75] White, M. und Bernstein, J. B.: *Microelectronics Reliability: Physics-of-Failure Based Modeling and Lifetime Evaluation.* Hrsg. von National Aeronautics and Space Administration. Pasadena, California, 2008.

[76] Hirschmann, D., Tissen, D., Schroder, S. und Doncker, R. W. de: Reliability Prediction for Inverters in Hybrid Electrical Vehicles. In: *IEEE Transactions on Power Electronics* 22.6 (2007), S. 2511–2517.

[77] Pecht, M. G.: Why the traditional reliability prediction models do not work-is there an alternative? In: *Electronics Cooling* 2 (1996), S. 10–13.

[78] Pecht, M. G. und Dasgupta, A.: "Physics-of-failure: an approach to reliable product development". In: *Proceedings of the International Integrated Reliability Workshop 1995.* IEEE Service Center, Piscataway, NJ, 1995, S. 1–4.

[79] Tränkler, H.-R. und Reindl, L. M.: *Sensortechnik.* Springer Berlin Heidelberg, Berlin, Heidelberg, 2014.

[80] Osterman, M.: *We still have a headache with Arrhenius.* 2001. URL: https://www.electronics-cooling.com/2001/02/we-still-have-a-headache-with-arrhenius/ (besucht am 11.10.2016).

[81] Bechtold, L. E.: "Industry consensus approach to physics of failure in reliability prediction". In: *2010 Proceedings Annual Reliability and Maintainability Symposium.* Hrsg. von Institute of Electrical and Electronics Engineers. IEEE, Piscataway, NJ, 2010, S. 1–4.

[82] Varde, P. V.: Physics-of-failure based approach for predicting life and reliability of electronics components. In: *BARC Newsletter* (2010), S. 38–46.

[83] Volkswagen: *Elektrische und elektronische Komponenten in Kraftfahrzeugen bis 3,5 t: Allgemeine Anforderungen, Prüfbedingungen und Prüfungen.* 2013-06.

[84] Johnson, R. W. et al.: The Changing Automotive Environment: High-Temperature Electronics. In: *IEEE Transactions on Electronics Packaging Manufacturing* 27.3 (2004), S. 164–176.

[85] Torell, W. und Avelar, V.: Mean time between failure: Explanation and standards. In: *white paper* 78 (2004).

[86] Bowles, J. B.: A survey of reliability-prediction procedures for micro-electronic devices. In: *IEEE Transactions on Reliability* 41.1 (1992), S. 2–12.

[87] Jones, J. A. und Hayes, J. A.: A comparison of electronic-reliability prediction models. In: *IEEE Transactions on Reliability* 48.2 (1999), S. 127–134.

[88] Lu, M.-W. und Wang, C. J.: "Weibull Data Analysis with Few or no Failures". In: *Recent Advances in Reliability and Quality in Design.* Hrsg. von Pham, H. Springer Series in Reliability Engineering. Springer, London, Berlin und Heidelberg, 2008, S. 201–210.

[89] Bowles, J. B.: Commentary - Caution: Constant Failure-Rate Models May Be Hazardous to Your Design. In: *IEEE Transactions on Reliability* 51.3 (2002), S. 375–377.

[90] Bayle, F. und Mettas, A.: "Temperature Acceleration Models in Reliability Predictions: Justification & Improvements". In: *2010 Proceedings Annual Reliability and Maintainability Symposium.* Hrsg. von Institute of Electrical and Electronics Engineers. IEEE, Piscataway, NJ, 2010, S. 1–6.

[91] Pecht, M. G. und Nash, F. R.: Predicting the reliability of electronic equipment. In: *Proceedings of the IEEE* 82.7 (1994), S. 992–1004.

[92] Foucher, B., Boullié, J., Meslet, B. und Das, D.: A review of reliability prediction methods for electronic devices. In: *Microelectronics Reliability* 42.8 (2002), S. 1155–1162.

[93] Kleyner, A. V. und Bender, M.: "Enhanced reliability prediction method based on merging military standards approach with manufacturer's warranty data". In: *Proceedings of the Annual Reliability and Maintainability Symposium 2003.* Hrsg. von Institute of Electrical and Electronics Engineers. IEEE Operations Center, Piscataway, NJ, 2003, S. 202–206.

[94] Cushing, M. J., Mortin, D. E., Stadterman, T. J. und Malhotra, A.: Comparison of electronics-reliability assessment approaches. In: *IEEE Transactions on Reliability* 42.4 (1993), S. 542–546.

[95] Talmor, M. und Arueti, S.: "Reliability prediction: the turn-over point". In: *Proceedings of the Annual Reliability and Maintainability Symposium 1997.* Hrsg. von Institute of Electrical and Electronics Engineers. IEEE Service Center, Piscataway, NJ, 1997, S. 254–262.

[96] O'Connor, P. D.: Undue Faith in US MIL-HDBK-217 for Reliability Prediction. In: *IEEE Transactions on Reliability* 37.5 (1988), S. 468.

[97] Leonard, C. T. und Pecht, M. G.: "Failure prediction methodology calculations can mislead: use them wisely, not blindly". In: *Proceedings of the IEEE National Aerospace and Electronics Conference 1989*. IEEE, 1989, S. 1887–1892.

[98] Denson, W. K.: The history of reliability prediction. In: *IEEE Transactions on Reliability* 47.3 (1998), SP321–SP328.

[99] Wong, K. L. und Lindstrom, D. L.: "Off the bathtub onto the rollercoaster curve (electronic equipment failure)". In: *Proceedings of the Annual Reliability and Maintainability Symposium 1988*. Hrsg. von Institute of Electrical and Electronics Engineers. IEEE, 1988, S. 356–363.

[100] Spencer, J. L.: "The highs and lows of reliability predictions". In: *Proceedings of the Annual Reliability and Maintainability Symposium 1986*. Hrsg. von Institute of Electrical and Electronics Engineers. 1986, S. 156–162.

[101] Thaduri, A.: "Physics-of-failure based performance modeling of critical electronic components". Dissertation. Luleå: Luleå University of Technology, Luleå, Sweden, 2013.

[102] Elerath, J. G., Wood, A. P., Christiansen, D. und Hurst-Hopf, M.: "Reliability management and engineering in a commercial computer environment". In: *Proceedings of the Annual Reliability and Maintainability Symposium 1999*. Hrsg. von Institute of Electrical and Electronics Engineers. IEEE Operations Center, Piscataway, NJ, 1999, S. 323–329.

[103] Hakim, E. B.: Reliability prediction: is Arrhenius erroneous? In: *Solid State Technology* 33.8 (1990), S. 57–58.

[104] O'Connor, P. D.: Reliability prediction: Help or hoax? In: *Solid State Technology* 33.8 (1990), S. 59–62.

[105] Cushing, M. J., Krolewski, J. G., Stadterman, T. J. und Hum, B. T.: U.S. Army reliability standardization improvement policy and its impact. In: *IEEE Transactions on Components, Packaging, and Manufacturing Technology: Part A* 19.2 (1996), S. 277–278.

[106] Nicholls, D.: An Introduction to the RIAC 217 Plus™ Component Failure Rate Models. In: *Journal of the Reliability Information Analysis Center* (2007), S. 16–21.

[107] Gullo, L. J.: "In-service reliability assessment and top-down approach provides alternative reliability prediction method". In: *Proceedings of the Annual Reliability and Maintainability Symposium 1999*. Hrsg. von Institute of Electrical and Electronics Engineers. IEEE Operations Center, Piscataway, NJ, 1999, S. 365–377.

[108] Alvarez, M. und Jackson, T.: "Quantifying the effects of commercial processes on availability of small manned-spacecraft". In: *Proceedings of the Annual Reliability and Maintainability Symposium 2000*. Hrsg. von Institute of Electrical and Electronics Engineers. IEEE Operations Center, Piscataway, NJ, 2000, S. 305–310.

[109] Coit, D. W. und Dey, K. A.: Analysis of grouped data from field-failure reporting systems. In: *Reliability Engineering & System Safety* 65.2 (1999), S. 95–101.

[110] Brown, L. M.: "Comparing reliability predictions to field data for plastic parts in a military, airborne environment". In: *Proceedings of the Annual Reliability and Maintainability Symposium 2003*. Hrsg. von Institute of Electrical and Electronics Engineers. IEEE Operations Center, Piscataway, NJ, 2003, S. 207–213.

[111] Musallam, M., Yin, C., Bailey, C. und Johnson, M.: Mission Profile-Based Reliability Design and Real-Time Life Consumption Estimation in Power Electronics. In: *IEEE Transactions on Power Electronics* 30.5 (2015), S. 2601–2613.

[112] Jais, C., Werner, B. und Das, D.: "Reliability Predictions - Continued Reliance on a Misleading Approach". In: *2013 Proceedings Annual Reliability and Maintainability Symposium*. Hrsg. von Institute of Electrical and Electronics Engineers. IEEE, Piscataway, NJ, 2013, S. 1–6.

[113] O'Connor, P. D.: Arrhenius and Electronics Reliability. In: *Quality and Reliability Engineering International* 5.4 (1989), S. 255.

[114] Marshall, J. M.: "Reliability Enhancement Methodology and Modelling for Electronic Equipment - the REMM Project". In: *Proceedings Electrical Machines and Systems for the More Electric Aircraft 1999*. IEE, 1999, S. 12/1–12/8.

[115] Jackson, A., Jain, A. K. und Jackson, T.: "Reliability Predictions Based on Criticality-Associated Similarity Analysis". In: *Proceedings of the Annual Reliability and Maintainability Symposium 2002*. Hrsg. von Institute of Electrical and Electronics Engineers. IEEE Operations Center, Piscataway, NJ, 2002, S. 528–535.

[116] Economou, M.: "The Merits and Limitations of Reliability Predictions". In: *Proceedings of the Annual Reliability and Maintainability Symposium 2004*. Hrsg. von Institute of Electrical and Electronics Engineers. IEEE Operations Center, Piscataway, NJ, 2004, S. 352–357.

[117] Matic, Z. und Sruk, V.: "The Physics-of-Failure approach in reliability engineering". In: *2008 Proceedings International Conference on Information Technology Interfaces*. IEEE, 2008, S. 745–750.

[118] Yadav, O. P., Singh, N., Goel, P. S. und Itabashi-Campbell, R.: A Framework for Reliability Prediction During Product Development Process Incorporating Engineering Judgments. In: *Quality Engineering* 15.4 (2003), S. 649–662.

[119] Sharma, R. K., Kumar, D. und Kumar, P.: Fuzzy modeling of system behavior for risk and reliability analysis. In: *International Journal of Systems Science* 39.6 (2008), S. 563–581.

[120] Bebbington, M., Lai, C.-D. und Zitikis, R.: A flexible Weibull extension. In: *Reliability Engineering & System Safety* 92.6 (2007), S. 719–726.

[121] International Technology Roadmap for Semiconductors, Hrsg.: *International Technology Roadmap for Semiconductors 2015 Edition: More Moore*. 2015. URL: https://www.semiconductors.org/clientuploads/Research_Technology/ITRS/2015/5_2015%20ITRS%202.0_More%20Moore.pdf (besucht am 10.09.2017).

[122] Moore, G. E.: Cramming more components onto integrated circuits. In: *Electronics* 38.8 (1965), S. 114–117.

[123] Keller, H.: Consumer-Elektronik im Kfz bei funktionaler Sicherheit wird es kritisch. In: *ATZelektronik* 9.2 (2014), S. 54–59.

[124] Alexander, M., Bernhart, W. und Zinn, J.: Tier-1 Business under Pressure Change of Direction and Roles in the Supply Chain. In: *ATZelektronik worldwide* 12.3 (2017), S. 28–33.

[125] Fried, O.: *Betriebsstrategie für einen Minimalhybrid-Antriebsstrang:* *Zugl.: Stuttgart, Univ., Diss., 2003.* Berichte aus der Fahrzeugtechnik. Shaker, Aachen, 2004.

[126] Kraftfahrt-Bundesamt, Hrsg.: *Fahrzeugzulassungen (FZ): Bestand an* *Kraftfahrzeugen und Kraftfahrzeuganhängern nach Herstellern und* *Handelsnamen 1. Januar 2015.* 2015. URL: https://www.kba.de/ SharedDocs/Publikationen/DE/Statistik/Fahrzeuge/FZ/ 2015/fz2_2015_pdf.pdf;jsessionid = ED0963D91186F16F7D 4E5491D31A3352.live21304?__blob=publicationFile&v=4.

[127] Andreß, H.-J.: *Stichprobenumfang.* 2001. URL: http://eswf.uni-k oeln.de/glossar/node143.html (besucht am 31.03.2016).

[128] Statistisches Bundesamt, Hrsg.: *13. koordinierte Bevölkerungsvoraus-* *berechnung: Animierte Bevölkerungspyramide.* 2015. URL: https:// www.destatis.de/bevoelkerungspyramide.

[129] Rumbolz, P.: "Untersuchung der Fahrereinflüsse auf den Energiever- brauch und die Potentiale von verbrauchsreduzierenden Verzögerungs- assistenzfunktionen beim PKW". Dissertation. Stuttgart: Universität Stuttgart, 2013.

[130] Hessisches Landesamt für Straßen- und Verkehrswesen, Hrsg.: *Stra-* *ßenverkehrszählung 2000: Jahresfahrleistung und mittlere DTV-Werte.* 2000.

[131] Hessisches Landesamt für Straßen- und Verkehrswesen, Hrsg.: *Stra-* *ßenverkehrszählung 2005: Jahresfahrleistung und mittlere DTV-Werte.* 2005.

[132] Zentrale Datenverarbeitung im Straßenbau in Bayern bei der Auto- bahndirektion Südbayern, Hrsg.: *SVZ 2000 Auswertung: Gesamt Bay-* *ern.* 2001.

[133] Zentralstelle für Informationssysteme bei der Autobahndirektion Süd- bayern, Hrsg.: *SVZ 2005 Auswertung: Gesamt Bayern.* 2005.

[134] infas Institut für angewandte Sozialwissenschaft GmbH, Hrsg.: *Mobi-* *lität in Deutschland 2002: Tabellenband.* 2002.

[135] Landesbetrieb Straßen und Verkehr Rheinland-Pfalz, Hrsg.: *Analyse* *der Verkehrsentwicklung in Rheinland-Pfalz: Bericht 2003.* 2003.

[136]   Statistisches Landesamt Baden-Württemberg, Hrsg.: *Jahresfahrleis-
        tungen im Straßenverkehr 1990, 2005 und 2007: Land Baden-Würt-
        temberg.* 2009. URL: https://www.statistik-bw.de/Verkehr/
        KFZBelastung/10026016.tab?R=LA.

[137]   Landesbetrieb Straßen und Verkehr Rheinland-Pfalz, Hrsg.: *Analyse
        der Verkehrsentwicklung in Rheinland-Pfalz: Bericht 2008.* 2008. URL:
        https://www.edoweb-rlp.de/resource/edoweb:7006942/dat
        a.

[138]   Regierungspräsidium Tübingen, Hrsg.: *Straßenverkehr in Baden-
        Württemberg: Ergebnisse der Straßenverkehrszählung 2005.* 2005.
        URL: https://www.svz-bw.de/fileadmin/verkehrszaehlung/
        svz/rpt-95-svz-05-brosch.pdf.

[139]   infas Institut für angewandte Sozialwissenschaft GmbH, Hrsg.: *Mobi-
        lität in Deutschland 2008: Tabellenband.* 2010. URL: http://www.m
        obilitaet-in-deutschland.de/pdf/MiD2008_Tabellenband.
        pdf.

[140]   Allgemeiner Deutscher Automobil-Club e.V., Hrsg.: *Kein Tempolimit
        auf Autobahnen.* 2013. URL: http://www.adac.de/_mmm/pdf/rv_
        tempolimit_flyer_0813_30472.pdf.

[141]   Baumann, G. et al.: "Analyse des Fahrereinflusses auf den Energie-
        verbrauch von konventionellen und Hybridfahrzeugen mittels Fahrver-
        such und interaktiver Simulation". In: *Berechnung und Simulation im
        Fahrzeugbau 2010.* VDI-Berichte. VDI-Verl., Düsseldorf, 2010.

[142]   Scholl, P.: *Geschwindigkeitsbegrenzungen auf Autobahnen.* 2009. URL:
        http://www.autobahnatlas-online.de/Limitkarte.pdf.

[143]   Büringer, H.: Entwicklung des Straßenverkehrs in Baden-Württem-
        berg: Jahresfahrleistungen mit Kraftfahrzeugen. In: *Statistisches Mo-
        natsheft Baden-Württemberg* 6 (2007), S. 2007.

[144]   Lensing, N.: *Straßenverkehrszählung 2000: Ergebnisse.* Bd. V 101.
        Berichte der Bundesanstalt für Straßenwesen, Verkehrstechnik. Wirt-
        schaftsverlag NW. Verlag für neue Wissenschaft GmbH, Bergisch
        Gladbach, 2003.

[145]   Carlsson, A.: *Analyse des durchschnittlichen Fahrbetriebs und Her-
        leitung eines kundenrelevanten Fahrzyklus basierend auf statistischen
        Untersuchungen in Mitteleuropa und realen Fahrversuchen in und um
        Stuttgart: Life Time Cycle: Teilbericht AP2-AP5.* 2005.

[146]   Hartlieb, S.: "Untersuchung von Fahrversuchsdaten auf demografisch signifikante Merkmale zur Identifikation von Fahrern und Situationen - Studienarbeit". Studienarbeit. Stuttgart: Universität Stuttgart, 2009.

[147]   Knoll, E.: *Der Elsner 2000 - Handbuch für Straßen- und Verkehrswesen*. Otto Elsner Verlagsgesellschaft, Dieburg, 1999.

[148]   Wagner, C., Salfeld, M., Knoll, S. und Reuss, H.-C.: "Quantifizierung des Einflusses von ACC auf die CO2-Emissionen im kundenrelevanten Fahrbetrieb, 10". In: *2010 Proceedings Stuttgart International Symposium: Volume 2.* Hrsg. von Bargende, M., Reuss, H.-C. und Wiedemann, J. Vieweg+Teubner Verlag / Springer Fachmedien Wiesbaden GmbH, Wiesbaden, 2010.

[149]   Schmitt, A.: "Literaturrecherche zur Mobilität in Deutschland und weltweit". Studienarbeit. Stuttgart: Universität Stuttgart, 2016.

[150]   Manz, J.: "Probandenstudie 2015 - Recherche zum Stuttgart-Rundkurs und Auswertung". Bachelorarbeit. Stuttgart: Universität Stuttgart, 2016.

[151]   Disch, M.: "Numerische und experimentelle Analyse von instationären Lastfällen im Rahmen der thermischen Absicherung im Gesamtfahrzeug". Dissertation. Wiesbaden: Universität Stuttgart, 2015.

[152]   Weinrich, U., Baumann, G., Reuss, H.-C. und Walz, S.: "Identification and Evaluation of the Real Temperature Loading of Steering Electronics". In: *2016 Proceedings Stuttgart International Symposium.* Hrsg. von Bargende, M., Reuss, H.-C. und Wiedemann, J. Proceedings. Springer Fachmedien Wiesbaden, Wiesbaden und s.l., 2016, S. 771–785.

[153]   Disch, M.: *Vergleich des FKFS Thermowindkanal mit der Erprobung auf der Straße: FKFS interne Präsentation.* 2013.

[154]   Deutscher Wetterdienst, Hrsg.: *Weltklima: Die Klimadaten aus der Grundversorgung des Deutschen Wetterdienstes von 957 Orten aus ca. 200 Ländern weltweit.* Offenbach, 2007.

[155]   Edler, A.: "Nutzung von Felddaten in der qualitätsgetriebenen Produktentwicklung und im Service". Dissertation. Berlin: Technische Universität Berlin, 2001.

[156]   Schmitt, R., Schmitt, S., Kristes, D. und Betzold, M.: Solide Brücke zum Kunden: Quality Backward Chain für stabilen Kontakt zum Markt. In: *QZ Qualität und Zuverlässigkeit* 55.2 (2010), S. 21–24.

[157] Bertsche, B., Marwitz, H., Ihle, H. und Frank, R.: Entwicklung zuverlässiger Produkte. In: *Konstruktion* 50.4 (1998), S. 41–44.

[158] Suzuki, K.: Estimation of Lifetime Parameters from Incomplete Field Data. In: *Technometrics* 27.3 (1985), S. 263–271.

[159] Oh, Y. S. und Bai, D. S.: Field data analyses with additional after-warranty failure data. In: *Reliability Engineering & System Safety* 72.1 (2001), S. 1–8.

[160] Yun, H.-J., Lee, S.-K. und Kwon, O.-C.: "Vehicle-generated data exchange protocol for Remote OBD inspection and maintenance". In: *Proceedings of the 6th International Conference on Computer Sciences and Convergence Information Technology (ICCIT)*. Hrsg. von Ko, F. I. S. IEEE, Piscataway, NJ, 2011, S. 81–84.

[161] Gerhardt, S.: *Ferndiagnose bei Fahrzeugen vergrößert Kundendienstpotenzial von Automobilherstellern.* 2002-11-06. URL: https://www.frost.com/prod/servlet/press-release.pag?docid=S GET-5FMH9A (besucht am 15.11.2017).

[162] Pajonk, O., Fräßdorf, S. und Engel, A. von: *Remote-Analysen bei der Fahrzeugentwicklung und Produktpflege.* 2016-12-07. URL: http://www.all-electronics.de/remote-analysen-bei-der-fahrz eugentwicklung-und-produktpflege-connectivity/ (besucht am 15.11.2017).

[163] Daimler AG, Hrsg.: *Mercedes-Benz Lkw: Konnektivität: Mercedes-Benz Uptime: deutliche Steigerung der Fahrzeugverfügbarkeit durch Vernetzung.* 2017-10-15. URL: http://media.daimler.com/marsM ediaSite/ko/de/12368522 (besucht am 04.03.2018).

[164] Düsterhöft, A. und Brandmayer, E.: *Ein umsichtiger Fahrstil spart Geld bei der Kfz-Versicherung.* Hrsg. von Finanztip. 2017-09-20. URL: https://www.finanztip.de/kfz-versicherung/telema tik-tarif/ (besucht am 04.03.2018).

[165] Continental AG, Hrsg.: *Remote Vehicle Data Plattform (RVD) startet Betrieb, Fahrzeugdaten ermöglichen vernetzte Dienste.* 2017-06-14. URL: https://www.continental-corporation.com/de/presse /pressemitteilungen/2017-06-14-remote-vehicle-data -65220 (besucht am 04.03.2018).

[166] Göbel, M. O.: *Pkw-Ferndiagnose per Smartphone-App*. Hrsg. von Telefonica. 2014-09-30. URL: https://blog.telefonica.de/2014/09/o2-car-connection-pkw-ferndiagnose-per-smartphone-app/ (besucht am 04.03.2018).

[167] Daimler AG, Hrsg.: *Mercedes me connect*. 2017-11-06. URL: https://shop.mercedes-benz.com/de-de/connect/ (besucht am 04.03.2018).

[168] AUDI AG, Hrsg.: *Audi Connect*. 2018. URL: https://www.audi.de/de/brand/de/kundenbereich/connect/apps-und-dienste.html (besucht am 04.03.2018).

[169] BMW AG, Hrsg.: *BMW ConnectedDrive*. 2018. URL: https://www.bmw.de/de/topics/faszination-bmw/connecteddrive/ubersicht.html (besucht am 04.03.2018).

[170] Bundesministerium der Justiz und für Verbraucherschutz: *Bundesdatenschutzgesetz: BDSG*. 1990-12-20. URL: https://www.gesetze-im-internet.de/bdsg_1990/index.html#BJNR029550990BJNE001503310 (besucht am 04.03.2018).

[171] Powell, M. A.: Optimal and Adaptable Reliability Test Planning Using Conditional Methods. In: *INCOSE International Symposium* 14.1 (2004), S. 502–516.

[172] Soland, R. M.: Bayesian Analysis of the Weibull Process with Unknown Scale Parameter and Its Application to Acceptance Sampling. In: *IEEE Transactions on Reliability* R-17.2 (1968), S. 84–90.

[173] Powell, M. A.: "Risk Assessment Sensitivies for Very Low Probability Events with Severe Consequences". In: *IEEE Aerospace Conference, 2010*. IEEE, Piscataway, NJ, 2010, S. 1–9.

[174] Powell, M. A. und Millar, R. C.: "Method for Investigating Repair/Refurbishment Effectiveness". In: *IEEE Aerospace Conference, 2011*. IEEE, Piscataway, NJ, 2011, S. 1–15.

[175] Powell, M. A.: *What's All the Fuss about Bayesian Reliability Analysis?* 2012. URL: %5Curl%7Bhttp://nomtbf.com/2012/07/whats-all-the-fuss-about-bayesian-reliability-analysis-2/%7D (besucht am 22.01.2018).

[176] Resnik, P. und Hardisty, E.: *Gibbs Sampling for the Uninitiated*. 2010. URL: %5Curl%7Bhttps://apps.dtic.mil/dtic/tr/fulltext/u2/a523027.pdf%7D.

[177] West, M.: *Bayesian kernel density estimation.* Institute of Statistics and Decision Sciences, Duke University, 1990.

[178] Powell, M. A.: "Method for Detection and Confirmation of Multiple Failure Modes with Numerous Survivor Data". In: *IEEE Aerospace Conference, 2011.* IEEE, Piscataway, NJ, 2011, S. 1–13.

[179] Schmitt, S. A.: *Measuring uncertainty: An elementary introduction to Bayesian statistics.* Addison-Wesley series in behavioral science. Quantitative methods. Addison-Wesley, Reading, 1969.

[180] Khan, Y. und Khan, A.: Bayesian Survival Analysis of Regression Model Using Weibull. In: *International Journal of Innovative Research in Science, Engineering and Technology* 2.12 (2013), S. 7199–7204.

[181] Guure, C. B. und Ibrahim, N. A.: Bayesian Analysis of the Survival Function and Failure Rate of Weibull Distribution with Censored Data. In: *Mathematical Problems in Engineering* 2012.33–36 (2012), S. 1–18.

[182] Demiris, N., Lunn, D. und Sharples, L. D.: Survival extrapolation using the poly-Weibull model. In: *Statistical methods in medical research* 24.2 (2015), S. 287–301.

[183] Koissi, M.-C. und Högnäs, G.: Using WinBUGS to Study Family Frailty in Child Mortality, with an Application to Child Survival in Ivory Coast. In: *African Population Studies* 20.1 (2013).

[184] Abernethy, R. B.: *The new Weibull handbook: Reliability & statistical analysis for predicting life, safety, risk, support costs, failures, and forecasting warranty claims, substantiation and accelerated testing, using Weibull, Log normal, Crow-AMSAA, Probit, and Kaplan-Meier models.* 5. ed., (November 1, 2006). R.B. Abernethy, North Palm Beach, Fla., 2006.

[185] Pauli, B. und Meyna, A.: "Zuverlässigkeitsprognosen für elektronische Steuergeräte im Kraftfahrzeug". In: *Proceedings Elektronik im Kraftfahrzeug 1996.* Hrsg. von Verein Deutscher Ingenieure. VDI-Berichte. VDI-Verlag, Düsseldorf, 1996, S. 87–105.

[186] Lunn, D. J., Spiegelhalter, D., Thomas, A. und Best, N.: The BUGS project: Evolution, critique and future directions. In: *Statistics in medicine* 28.25 (2009), S. 3049–3067.

[187] Li, M. und Meeker, W. Q.: Application of Bayesian methods in reliability data analyses. In: *Journal of Quality Technology* 46.1 (2014), S. 1.

[188] Soland, R. M.: Bayesian Analysis of the Weibull Process With Unknown Scale and Shape Parameters. In: *IEEE Transactions on Reliability* R-18.4 (1969), S. 181–184.

[189] Tsokos, C. P.: "A Bayesian approach to reliability: Theory and simulation". In: *Proceedings of the Annual Reliability and Maintainability Symposium 1972*. 1972, S. 78–87.

[190] Maswadah, M.: Empirical Bayes inference for the Weibull model. In: *Computational Statistics* 28.6 (2013), S. 2849–2859.

[191] Banerjee, A. und Kundu, D.: Inference Based on Type-II Hybrid Censored Data From a Weibull Distribution. In: *IEEE Transactions on Reliability* 57.2 (2008), S. 369–378.

[192] Kundu, D.: Bayesian Inference and Life Testing Plan for the Weibull Distribution in Presence of Progressive Censoring. In: *Technometrics* 50.2 (2008), S. 144–154.

[193] Powell, M. A.: "Method to Employ Covariate Data in Risk Assessments". In: *IEEE Aerospace Conference, 2011*. IEEE, Piscataway, NJ, 2011, S. 1–8.

[194] Papadopoulos, A. S. und Tsokos, C. P.: Bayesian analysis of the Weibull failure model with unknown scale and shape parameters. In: *Statistica* 36 (1975), S. 547–560.

[195] Feroze, N. und Aslam, M.: Bayesian analysis of doubly censored lifetime data using two component mixture of Weibull distribution. In: *Journal of the National Science Foundation of Sri Lanka* 42.4 (2014), S. 325.

[196] Meyer, M., Meyna, A. und Pauli, B.: Zuverlässigkeitsprognose für Kfz-Komponenten bei zeitnahen Garantiedaten. In: *Automobiltechnische Zeitschrift* 105.3 (2003), S. 262–267.

[197] Texas Instruments Incorporated, Hrsg.: *AFR FIT for Weibull: Weibull Distribution Reliabilty Calculator*. 2018-02-09. URL: http://www.ti.com/support-quality/reliability/2-P-Weibull-distribution.html (besucht am 01.05.2018).

[198]   Couture, D. J.: "Some practical empirical Bayes procedures for use in Weibull reliability estimation". Dissertation. Texas Tech University, 1970.

[199]   Winzenborg, I.: "Bayes'sche Schätztheorie und ihre Anwendung auf neuronale Daten zur Reizrekonstruktion". Diplomarbeit. Oldenburg: Carl von Ossietzky Universität Oldenburg, 2007.

[200]   Robbins, H.: "An Empirical Bayes Approach to Statistics". In: *Proceedings of the Third Berkeley Symposium on Mathematical Statistics and Probability*. Hrsg. von Neyman, J. The Regents of the University of California, 1956, S. 157–163. URL: https://projecteuclid. org/download/pdf_1/euclid.bsmsp/1200501653.

[201]   Robbins, H.: Some Thoughts on Empirical Bayes Estimation. In: *The Annals of statistics* 11.3 (1983), S. 713–723.

[202]   Robbins, H.: The Empirical Bayes Approach to Statistical Decision Problems. In: *The Annals of Mathematical Statistics* 35.1 (1964), S. 1–20.

[203]   Wang, W. und Jiang, M.: "Competing failure or mixed failure models". In: *2014 Proceedings Annual Reliability and Maintainability Symposium*. Hrsg. von Institute of Electrical and Electronics Engineers. IEEE, Piscataway, NJ, 2014, S. 1–6.

[204]   Kececioglu, D. B. und Wang, W.: "Parameter Estimation For Mixed-Weibull Distribution". In: *Proceedings of the Annual Reliability and Maintainability Symposium 1998*. Hrsg. von Institute of Electrical and Electronics Engineers. IEEE Service Center, Piscataway, NJ, 1998, S. 247–252.

[205]   Attardi, L., Guida, M. und Pulcini, G.: A mixed-Weibull regression model for the analysis of automotive warranty data. In: *Reliability Engineering & System Safety* 87.2 (2005), S. 265–273.

[206]   Cox, D. R.: Regression Models and Life-Tables. In: *Journal of the Royal Statistical Society. Series B (Methodological)* 34.2 (1972), S. 187–220.

[207]   Demuth, R.: *Aerodynamik von Hochleistungsfahrzeugen: WS 10/11*. 2010. URL: %5Curl%7Bhttp://www.aer.mw.tum.de/fileadmin/ tumwaer/www/pdf/lehre/hochleistungsfzg/WS1011/Hochlei stungsfzge_Kap4.pdf%7D.

Anhang

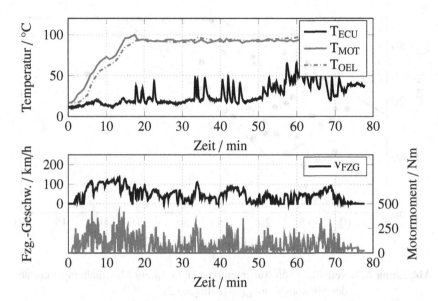

Abbildung A.1: Zeitlicher Verlauf ausgewählter Messgrößen von Fahrzeug 2 (oben: Temperaturen, unten: Fahrzeuggeschwindigkeit und Motordrehmoment)

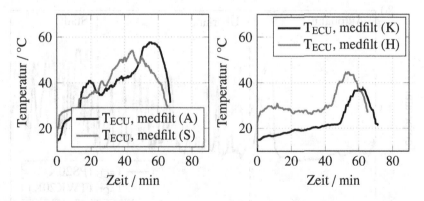

Abbildung A.2: Vergleich der Temperaturverläufe von Fahrzeug 2 (links: Variation der Fahrtrichtung, rechts: Variation der Fahrzeugkonditionierung)

© Springer Fachmedien Wiesbaden GmbH, ein Teil von Springer Nature 2019
U. Weinrich, *Methoden zur Bestimmung der Ausfallraten von elektrischen und elektronischen Systemen am Beispiel der Lenkungselektronik*, Wissenschaftliche Reihe Fahrzeugtechnik Universität Stuttgart, https://doi.org/10.1007/978-3-658-25463-6

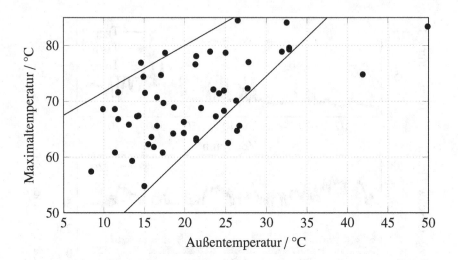

Abbildung A.3: Verhältnis von Außentemperatur T_{AMB} zur Maximaltemperatur an der Messposition T_{ECU} (Fahrzeug 2)

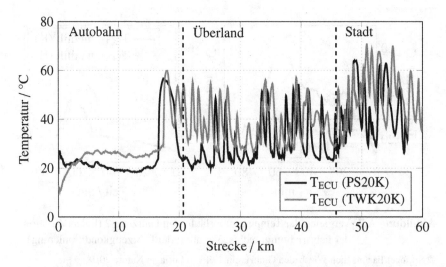

Abbildung A.4: Vergleich des Temperaturverlaufs von Messposition T_{ECU} für Probandenstudie und Thermowindkanal (Fahrzeug 2)

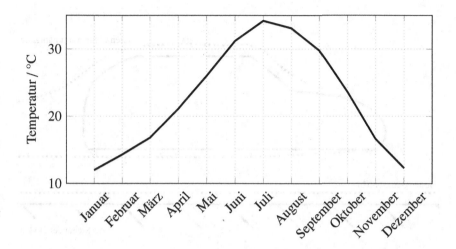

Abbildung A.5: Tagesmitteltemperatur Heißland am Beispiel von Phoenix, Arizona (USA) [154]

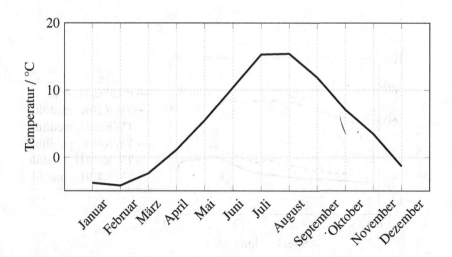

Abbildung A.6: Tagesmitteltemperatur Kaltland am Beispiel von St. Johns (Neufundland) [154]

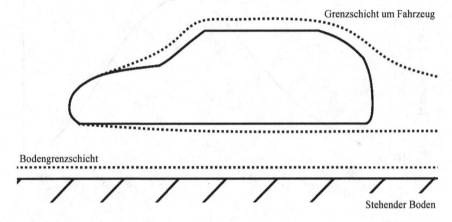

Abbildung A.7: Grenzschichtbildung am feststehenden Boden und am Fahrzeug
(nach [207])

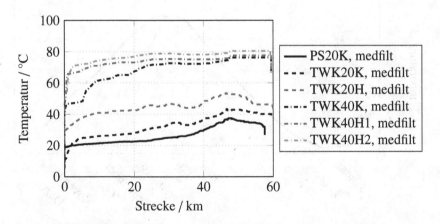

Abbildung A.8: Vergleich des Temperaturverlaufs von Messposition T_{ECU} über alle
Messungen (Fahrzeug 2)

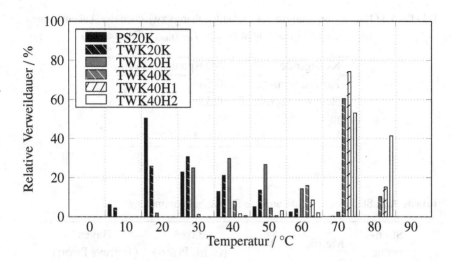

Abbildung A.9: Histogramme der Messposition T_{ECU} (Fahrzeug 2)

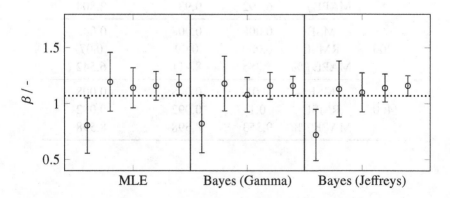

Abbildung A.10: Parameterschätzungen mit Kredibilitätsintervallen für Weibullparameter β

Tabelle A.1: Regressionsanalyse des Zusammenhangs zwischen der Außentemperatur T_{AMB} und Maximaltemperatur $T_{ECU,max}$ (Fahrzeug 2)

Kenngröße	Messposition T_{ECU}
Korrelationsmaß	0,58
Bestimmtheitsmaß	0,33
m	0,51
b	59,24 °C

Tabelle A.2: Statistische Fehleranalyse für Weibullparameter β

Stich-probe	Metrik	MLE	Bayes (Gam.-Priori)	Bayes (Jeffreys Priori)
	MSE	0,071	0,063	0,123
25	RMSE	0,266	0,25	0,35
	MAPE / %	24,841	23,364	32,71
	MSE	0,016	0,012	0,00
50	RMSE	0,125	0,11	0,06
	MAPE / %	11,683	10,28	5,607
	MSE	0,005	0	0,001
100	RMSE	0,071	0,01	0,03
	MAPE / %	6,592	0,935	2,804
	MSE	0,008	0,008	0,005
200	RMSE	0,089	0,09	0,07
	MAPE / %	8,285	8,411	6,542
	MSE	0,01	0,008	0,008
400	RMSE	0,1	0,092	0,092
	MAPE / %	9,353	8,598	8,598

Printed in the United States
By Bookmasters